页岩水力裂缝扩展
与微震释放机制

张伯虎　刘建军　著

科学出版社
北京

内 容 简 介

本书以页岩为研究对象，从页岩物理力学性能出发，采用理论研究、水力压裂试验和数值模拟等手段，全面论述页岩水力裂缝起裂准则和扩展机理，分析水力裂缝扩展过程中微震释放机制。全书共7章，分别介绍了页岩水力裂缝与微震释放机制的研究意义、现状和趋势，页岩各向异性与可压性评价，页岩水力裂缝起裂准则，页岩水力裂缝扩展机理，页岩真三轴水力裂缝扩展规律，页岩水力裂缝扩展机制的数值验证等，并对水力裂缝扩展释放微震的机制进行了研究分析。

本书可供地质、岩土、石油与天然气等相关工程领域的广大科技人员、工程技术人员和大专院校的师生参考。

图书在版编目(CIP)数据

页岩水力裂缝扩展与微震释放机制 / 张伯虎, 刘建军著. — 北京：科学出版社, 2020.11
　ISBN 978-7-03-063905-9

Ⅰ. ①页… Ⅱ. ①张… ②刘… Ⅲ. ①油页岩–水力裂缝–研究
Ⅳ. ①TE662.3

中国版本图书馆 CIP 数据核字 (2019) 第 299360 号

责任编辑：刘莉莉 / 责任校对：彭　映
责任印制：罗　科 / 封面设计：墨创文化

科 学 出 版 社 出版

北京东黄城根北街16号
邮政编码：100717
http://www.sciencep.com

四川煤田地质制图印刷厂印刷

科学出版社发行　各地新华书店经销

*

2020 年 11 月第 一 版　开本：B5 （720×1000）
2020 年 11 月第一次印刷　印张：10 3/4
字数：210 000

定价：129 00 元
（如有印装质量问题,我社负责调换）

前　　言

页岩成分复杂，以黏土矿物为主，具有层理构造和孔隙特征，其各向异性特性明显。页岩中吸附大量有机质，在内部裂缝和基质孔隙中储集天然气。页岩气具有自生、自储、自封闭和低孔隙度、低渗透率等特点。水力压裂作为一种成熟技术，提高了页岩气的开采量，但水力裂缝扩展机理研究较为缓慢，从而限制了水力压裂技术的更大发展。水压力作用下页岩内部裂缝起裂、扩展和缝网形成等研究显得尤为重要，研究成果可以有效地提高页岩气储层改造的技术水平。因此，基于页岩物理力学性能，研究水力裂缝起裂、扩展和相互作用机制，获取裂缝扩展释放微震的机制，对页岩气储层压裂效果评价、优化压裂施工参数、提高页岩气采收率等有重要的理论和工程意义。

本书从页岩各向异性力学特性研究出发，通过页岩水力裂缝起裂准则、水力裂缝扩展形态与机理、页岩真三轴水力压裂裂缝分布规律、水力裂缝扩展机制的数值模拟等方面研究，比较系统阐述了页岩水力裂缝扩展机理，并获得了水力裂缝扩展中微震释放的机制。本书开展了页岩压缩和拉伸力学等实验，分析了页岩各向异性，对其可压性进行了评价；运用断裂力学和地震学理论，获得了页岩水力裂缝起裂力学判据；基于弹塑性力学和流固耦合理论，分析了裂缝扩展形态以及节理对裂缝扩展的影响；通过页岩真三轴水力压裂试验，研究了水压力作用下水力裂缝受表面裂缝和层理分布影响的扩展规律；同时采用数值模拟方法，对水力裂缝扩展规律进行验证；最后通过声发射分布特征和微震释放的数值模拟，获得了水压力作用下页岩内部裂缝扩展微震释放的机制。这些成果对页岩水力裂缝扩展机理研究有重要意义，对从事相关生产和研究工作的同行们有所帮助。

本书是在国家科技重大专项子课题"页岩气渗流规律与气藏工程方法"（2017ZX05037001）的资助下完成的，油气藏地质及开发工程国家重点实验室（西南石油大学）开放基金项目（PLN201717）和中国博士后基金项目（2015M582768XB）对本书也提供了部分研究成果。

本书内容是多位教师和学生大量研究成果的提炼和升华，参与相关研究的人员包括裴桂红教授、纪佑军副教授、李彪老师、博士生郑永香及硕士生刘玮丰、姬彬翔、田小朋、骆庆龙等。在研究过程中，得到了中国科学院渗流流体力学研究所刘先贵所长和胡志明主任、西南石油大学李勇明教授和韩林老师、辽宁工程技术大学孙维吉副教授和马玉林老师、中国石油大学(北京)侯冰副教授等专家的指导、支持和帮助。硕士研究生李万堃、穆俊延、周逸、王燕、陈思宏参与部分文字、图表的校对工作。本书参考了大量文献资料，难以一一列出或注明，请见谅或予以指正，并在此向原作者表示感谢。此外，本书出版得到科学出版社的热忱关注与悉心合作，一并致以诚挚的谢意。

由于页岩水力裂缝扩展和微震机制涉及岩石力学、流体力学、损伤与断裂力学、地震学等理论与方法，水力压裂又是油气开采中重要的技术难题，对于该技术的研究探讨显得十分紧迫和必要，但其研究的难度也较大。限于作者水平，书中难免有不当之处，请同行专家和读者批评指正。

目　　录

第1章 绪 论

1.1 问题的提出

1.1.1 页岩及页岩气

页岩是一种沉积岩,具有明显的薄页状或层状节理,主要由黏土物质经压实作用、脱水作用、重结晶作用等形成,内部含有黏土矿物、石英、长石碎屑及其他自生矿物等。页岩层理发育,致密,渗透性低,非均质性强,抵抗风化能力弱。页岩气是指富含有机质、成熟的暗色泥页岩或高碳泥页岩中由于有机质吸附作用或岩石中存在着裂缝和基质孔隙,使之储集和保存了一定具商业价值的生物成因、热解成因及二者混合成因的天然气。页岩气主要以游离态存在于天然裂缝和孔隙中,以吸附态存在于干酪根、黏土颗粒表面,还有极少量以溶解状态储存于干酪根和沥青质中。

页岩气是一种存在于层理性极明显的页岩储层中,分布在海相、海陆过渡相和陆相的一种非常规能源,在各地区域都有分布,且带来的利益非常大,能完美替代普通能源(胡文瑞等,2013;李霞等,2013),是在今后一段时间内作为重点对象来研究发展的非常规能源之一。有资料显示,页岩气资源在全世界范围内的储量为 456 万亿 m^3(徐建永等,2010)。在美国,已经勘探查明的储存页岩气的盆地有 30 个,其中有 7 个高产量盆地的总页岩气储存量达到 80.84 万亿 m^3,在现有技术条件下可供采集的页岩气储存量为 18.38 万亿 m^3(闵剑,2011)。在国内陆域范围内,经过勘探查明并进行评估分析后得到的陆域页岩气的储存量为 134.42 万亿 m^3,可供采集的页岩气储存量为 25.09 万亿 m^3(费红彩等,2013)。

美国页岩气革命对国际天然气市场及世界能源格局产生重大影响,世界主要资源国都加大了页岩气勘探开发力度。页岩气的探测和开采已经在大多发达国家及区域积极进行(Bowker,2003;Curtis,2002;Josh et al.,2012;Jenkins et al.,2008;陆家亮,2009;王世谦,2013;张金川等,2011)。我国页岩气勘探开发发展同样迅猛,已经成为北美之外第一个实现页岩气规模化、商业化开发的国家,通过调查发现近期我国页岩气开发主力层系确定为南方下古生界地层。根据 2015 年我国国土资源部页岩气资源评价的结果表明,2015 年全国页岩气总产气量为 45 亿 m^3,在 2015 年中天然气消费占我国一次能源消费比重为 5.9%,然而全世界天然气消费比重为 24%,因此在天然气消费占比方面来看我国天然气消费会逐年上升。国务院办公厅《能源发展战略行动计划(2014—2020 年)》明确提出,到 2020 年天然气占我国一次能源消费比重将达到 10%以上,很明显国内对于页岩气的探测开采有着非常特别的重视和期望(陈勉等,2008;潘仁芳等,2009;蒲泊伶等,2010)。

1.1.2 页岩气开采的水力压裂技术

页岩具有自生、自储、自封闭、饱含气、运移距离短、孔隙度低(3%~10%)、渗透率低(数个毫达西)等特点,所以需要注水压裂使得页岩内部产生裂缝,提供必要的运移通道,来增加裂缝连通性,改善渗透率,增加渗流面积,提高导流率(Curtis,2002;Montgomery et al.,2005;张利萍等,2009;赵海军等,2016)。

水力压裂技术是通过向储层内部注入高压水流来制造压裂裂缝,提高储层的渗透率从而提高非常规油气的采收率,是一项应用前景广泛的油气井增产措施,也是目前开采页岩气的主要形式。储层岩体水力压裂增加渗透率的效果主要取决于是否能够形成足够发育和相互连通的裂缝网络,这与储层岩体的地层应力、岩性、孔隙结构、水压力和注入量等因素密切相关。由于水力压裂的储层一般埋藏较深,因此岩体的地层构造、地应力环境、本身物理力学状态复杂,加之在流体注入后相互作用,使得储层压裂起裂和扩展机理更为复杂多变,且现场直接监测难度较大,花费较高,因此实际生产中很难直接获取起裂、扩展以及天然裂缝和诱导裂缝之间的相互关系(李新景等,2007),这些都是水力压裂中亟待解决的技术难题。

近年来,页岩气开采一般运用横向钻井和水力压裂等作为主要的开采方式。在这种开采技术下,开采井的横向段会变得比较长,而且在井底压力大小不同以及压裂液和地下水活度差等影响下,页岩地层井周岩石的强度和应力产生改变,迫使微观和宏观裂缝向前展开,从而破坏四周的稳定性,或者直接导致井壁的坍塌、漏失等严重的失稳影响(张可,2017;衡帅等,2015;陈心明,2017)。这不仅使钻井的效率下降,更会降低固井质量,无法保障压裂施工的安全性。而页岩储层有着明显的层理性质,构成它的矿物颗粒形状大小不同,并且散乱分布和组合,使得页岩体的力学特性和破坏机制产生了十分明显的各向异性特征(Josh et al.,2012;贾善坡等,2014)。另外,页岩层的孔隙率和渗透率并不高,而且层理面不厚且具有较多的有机质等(王汉等,2015)。在水力压裂过程中,岩体总是会较迟于它的层理面发生破裂,水力裂缝会首先沿着软弱面扩展。因此裂缝网络难以产生,使得水力压裂效果差,最终导致页岩气的开采遇到困难(尹帅等,2016)。页岩的力学特征对于储层气的探测开采具有至关重要的作用(鲜学福等,1989)。逐渐发展起来的高分辨率成像技术能够形象鲜明地分析页岩微观孔隙结构的发育、分布、大小以及类型等,这对于研究页岩的物理力学性能以及页岩气的成藏机理具有很大的支持和帮助(陈强,2014)。

页岩气储层中的天然裂缝发育对其开发有两面性。一方面,天然裂缝作为页岩气的运移通道,可以提高储层的采集效率;另一方面,一旦压裂过程中注水压力控制不当,水力裂缝完全沿已连通天然裂缝扩展,未能压裂页岩基质,沟通不连通裂缝,将导致压裂改造不充分。水力压裂过程涉及吸附气和游离气(李新景等,2007)以及不可控水压等,且天然裂缝和水力裂缝之间的相互关系复杂,如何监控裂缝扩展和页岩气运移方向,优化压后评估等都是技术难题。

1.1.3 页岩水力裂缝的微震监测

由于页岩气储层中裂缝扩展的复杂性,为达到设计的压裂改造要求,必须实时监控裂缝扩展的动态,并实时调整压裂施工参数,使水力裂缝向有利的方向扩展。针对水力裂缝扩展实时监控要求,以声发射和地震学为基础的微地震监测技术可以通过观测分析岩石破裂所产生的微震波来确定破裂的位置、破裂尺度和机制状态(梁兵等,2004)。一般情况下,水力压裂过程中岩石是脆性破坏,脆性破坏有利于裂缝的产生以及微地震信号的监测。

水力压裂过程中围岩应力重新分布,可能在岩石薄弱处产生裂缝,裂缝内部蓄积的能量将以微震波的方式释放,从而产生微震事件(张伯虎等,2016)。水力压裂微地震监测是指针对水力压裂等工程作业(油气采出、注水、注气、热驱)时引起地应力场变化产生的地震波,进行水力裂缝成像,提供裂缝发育过程的详细信息或对储层流体运动进行监测的方法。

通过微地震监测技术,可以实时监控水力压裂施工时水力裂缝的几何形态信息(如裂缝的延伸方向、高度、长度等信息),根据实时监测的裂缝信息,结合工程地质条件,对水力压裂效果做出评价,再进一步对水力压裂参数进行优化,也可以作为其他油田压裂施工设计的参考,从而提高采收率并降低开发成本(王国雨,2013)。在油气田开发中,该项技术可以用于同步监测水力裂缝的方位和几何形态(张强德等,2002)、注入水流动前缘(刘建中等,2004)以及确定地层应力方位等方面(王法轩等,1997)。

微地震实时监测不仅是了解储层水力压裂裂缝动态扩展规律的方法,更是一种优化压裂工程的方法,能够提供后期压力评估、应力应变变化、损伤检测等基础数据,对优化井区方案、最佳注液量、流量、水平井分段压力、井身结构、水平井眼轨迹、井间距等工程设计和调整,对降低油气田开发成本、提高收采率也具有重要意义(宋维琪等,2008a)。微地震监测还可以及时监测压裂液泄露,减少环境污染(Taleghani,2010;Kharak et al.,2013;Jackson et al.,2013)。随着对微地震监测技术在油气田开发中的应用研究,该技术已经成为储层压裂中最精确、最及时、信息最丰富的监测手段,是页岩气资源开发中最好的增产措施之一。

根据微地震监测，仅仅知道裂缝的产生时间和空间是远远不够的，还需要了解裂缝的破裂类型和扩展方向，以便深入了解裂缝之间的扩展、贯通等相互作用。因此，微地震机制研究在裂缝扩展中有至关重要的作用。

1.2 国内外研究现状

1.2.1 页岩水力裂缝扩展机理研究

自从 1947 年在美国堪萨斯州进行了水力压裂以来，经过了半个世纪的发展，无论是理论研究层面还是现场开采层面，水力压裂技术取得了较快的进步（周东平等，2017；姜瑞忠等，2004）。

与常规储层相比，页岩储层层理发育、各向异性明显且天然裂缝系统复杂，水力压裂过程中可能形成复杂的体积裂缝。在页岩储层中水力裂缝的扩展机理更为复杂，采用常规储层水力裂缝扩展机理、模型来准确分析页岩储层的水力裂缝空间扩展情况是非常困难的。不少学者针对水力裂缝与天然裂缝相互作用进行了研究。曾青冬等（2014）在应用数学模型研究水力裂缝扩展动态时，在模型中加入了裂缝内部流体流动和围岩应力应变的影响，进而分析水力裂缝从任意方向接近天然裂缝时的扩展情况。陈勉（2013）基于断裂力学理论建立了三维情况下水力裂缝在靠近天然裂缝时的激活和转向控制方程，在此基础上分析了控制水力裂缝在遭遇天然裂缝时发生转向的关键影响因素和力学特性。同时，也有学者建立了判别水力裂缝与天然裂缝相交时是否穿透的准则，并能准确地预测水力裂缝是否穿透天然裂缝以及穿出天然裂缝时的方向（李勇明等，2015；程万等，2014）。侯冰等针对页岩地层裂缝发育特征，基于页岩水力压裂物模试验研究了水力裂缝与天然裂缝的相互沟通过程（侯冰等，2014a，2015a，2015b），并基于线弹性断裂力学理论，采取位移不连续法建立数值模型，模拟分析了二维情况下多个随机分布的天然裂缝对水力裂缝扩展规律的影响。时贤等（2014）通过假设页岩压裂的空间范围为一个椭球域，在椭球域内只存在裂缝网络和基质两种介质，同时裂缝网络由尺寸较大的主干裂缝和尺寸较小的次生裂缝构成，在此基础上建立了页岩水力压裂的几何模型。杨光等（2013）在建立页岩水力压裂模拟模型时，不只在模型中考虑了水力裂缝和天然裂缝的相互作用，同时，也考虑了压裂液在裂缝内流动时的湍流流动。

传统的水力裂缝延伸模型是建立在裂缝线性扩展基础上的，不管是现场实测还是实验观察，均发现岩石断裂产生的裂缝面呈现出不规则的形态，且裂缝面非常粗糙（刘洪等，2006）。基于这一问题，有学者将分形几何理论引入断裂韧性的计算中，并在此基础上建立了考虑裂缝分形的扩展模型。李玮、张杨、屈展等在研究时考虑了分形长度效应的影响(张杨等，2013；李玮等，2008；屈展，1993)。李小刚等(2015)在建立裂缝扩展的断裂韧性关系式时，加入了分形裂缝的弯折效应和长度效应这两个影响因素，研究了水力裂缝的缝宽表达式，同时分析了水力裂缝扩展需要的裂缝内水压力。

马衍坤等(2015)将压裂孔的起裂、扩展过程分为 3 个阶段：微损伤形成阶段、局部损伤带形成阶段和试件失稳破坏阶段。钟建华等(2015)将页岩水力裂缝的断裂形式分为剪切型破裂、拉张型破裂以及滑移型破裂三种形式，并认为滑移型、拉张型为微裂缝的主要断裂形式。衡帅等(2014，2015)通过总结多组压裂实验结果后得到了页岩竖直井水力裂缝起裂与延伸模式，随后基于断裂韧性的各向异性分析了水力裂缝在垂直层理面扩展时的分叉、转向行为。李芷等(2015)结合试验与理论定量分析了水力裂缝在接近与接触层理面时水力裂缝尖端应力场对层理面扩展的影响。许丹等(2015)利用正交实验法原理，采用水力压裂模拟试验，研究了主应力差、射孔方向和页岩层面的夹角、层面厚度和间距对水力裂缝扩展动态的作用，并采用极差分析的方法研究了水力裂缝对各影响因素的敏感性。张辉(2015)在综合分析压裂试验后裂缝形态的基础上，考虑天然裂缝对人工裂缝延伸的影响，得出水力裂缝遇到天然裂缝后的 3 种裂缝延伸模型。张士诚等(2014)和张烨等(2015)使用页岩试件进行水平井水力压裂模拟试验，研究了水平地应力差等因素对压裂裂缝扩展规律的影响，发现在某一合适的水平地应力差下可以形成复杂裂缝系统，若水平地应力差过小，水力裂缝易发生转向，只沿最薄弱的天然裂缝面或层面延伸，不能沟通更多的天然裂缝；若水平地应力差过大，易直接穿过天然裂缝及层理，形成单一的主裂缝，难以沟通天然裂缝及层理。周健等(2007)通过模拟试验，探讨了天然裂缝与水力裂缝的干扰机理，并给出了天然裂缝破坏时临界水平主应力差同逼近角的关系。张旭等(2013)和姜浒等(2014)分别采用混凝土材料和页岩露头岩心进行模拟试验，研究了裂缝性地层中水力裂缝扩展规律，并分析了压裂液黏度、地应力差异系数、排量等因素对水力裂缝在裂缝性地层中的扩展模式的影响。

相关学者研究水力压裂缝扩展形态(郭印同等，2014；张然等，2014)，分析了层理对页岩水力裂缝扩展的影响(衡帅等，2015；李芷等，2015)、压裂缝网的形成机制(侯振坤等，2016)。Guo 等(2014)研究了水平应力差系数、流量、压裂液黏度等对水力裂缝扩展规律的影响，表明压力曲线波动是由于压裂至天然裂缝或断层，压裂液严重漏失造成的。Tan 等(2017)研究了多因素水平层理页岩垂直裂缝的萌生和破裂，并提出五种起裂和扩展模式。Cheng 等(2015)验证了可变流量可以重新激活天然裂缝形成复杂裂缝。Sun 等(2016)研究了层理对水力裂缝的影响，表明水力裂缝由地应力状态和层理共同控制。

1.2.2 页岩水力压裂试验研究

在研究页岩水力压裂机理时，进行模拟试验也是一个非常重要的方法。在试验中模拟一定的页岩储层地质条件，观察试验前、中、后的试件状态，可以更为直观地分析水力裂缝扩展规律，是建立更理想的数值模型和正确认识水力压裂裂缝扩展机理的一种必要的方法。同常规的岩石力学试验相比，在进行水力压裂工程实践时，在原位直接观测水力裂缝的扩展情况是不可能实现的，因此目前多应用三轴试验装置对页岩试件进行模拟压裂，并通过声发射三维空间定位技术、CT扫描以及示踪剂等方法来观察试验中水力裂缝扩展的形态特征（郭印同等，2014）。

对于水力压裂试验的研究，Blair等（1989）根据实际水力压裂情况设计了实验室尺度真三轴力学试验，率先讨论了水力裂缝在水泥基质与砂岩交界面上的起裂和扩展。试验通过在水泥基质中预先埋入砂岩，并在中部预埋压裂通道，在压裂通道与预埋砂岩处设有钨丝网，采用油质压裂液，以便在压裂过后观察到水力裂缝扩展的路径。Ito等（1993）通过三轴水力压裂试验，总结得出岩体中孔隙水压力与裂缝宽度之间的关系。与此同时，van den Hock等（1993）在做硬质砂岩三轴水力压裂试验时，发现渗透性低的岩石在水力压裂过程会产生放射状的水力裂缝分布形态。

国内学者也进行了水力压裂试验研究。陈勉等（2000）对大尺寸含裂缝的岩样进行水力压裂模拟，研究了水力裂缝扩展的规律，认为水力裂缝延伸的影响因素可以分为宏观因素和微观因素，其中宏观因素是水平主应力差和逼近角，微观因素是天然裂缝和缝内净压力。张国强（2008）等着眼于盐岩地层水力裂缝扩展，通过真三轴水力压裂系统模拟了在盐岩中的水力压裂过程，分析了盐岩地层水力裂缝的起裂与扩展情况。赵益忠等（2007）采用真三轴水力压裂装置，模拟了不同性质的岩心在水力压裂过程中裂缝扩展情况，得到了不同岩性压裂后水力裂缝扩展的形态和井底压力随时间的变化规律。基于真三轴模拟试验系统，刘洪等（2009）通过控制变量的形式模拟影响水力裂缝起裂和扩展形态的因素，得出井斜、天然微裂缝、水平地应力差等因素会影响水力裂缝的形成和扩展。学者们也一直致力于借助实验室中的监测方法和新的实验手段来揭示水力裂缝的三维空间形态和展布规律（刘鹏，2017）。

1.2.3 页岩水力裂缝的数值模拟研究

数值模拟方法能够在设定具体条件因素下对项目进行反复的验证计算，众多国内外的学者均用其来结合室内试验方法，研究水力裂缝扩展机理，指导压裂设计。

页岩气藏数值模拟按照连续介质或非连续介质的方法来实施(张搏等，2015)。张劲和张士诚(2004)采用有限元方法(finite element method，FEM)，利用 ANSYS 软件建立多条裂缝计算模型，研究了在多条裂缝之间的相互干扰作用，从而找出了裂缝之间的相互影响规律，并且发现了降低裂缝之间干扰程度的方法即密集储层使用分段压裂。连志龙等(2008)基于临界应力准则建立了流固耦合有限元计算模型，研究了水力压裂的延伸扩展；并且对一些影响因素如地应力参数、临界应力、地层弹性模量、初始孔隙压力以及压裂液黏度进行研究，根据研究发现裂缝扩展影响规律的一些参数。部分学者使用 cohesive 单元，在预设水力裂缝扩展路径的基础上进行了三维情况下的页岩水力压裂数值模拟，对水力裂缝扩展的应力场和渗流场演化规律(张汝生等，2012)、裂缝的起裂和扩展状态(彪仿俊等，2011)、页岩层面的影响(孙可明等，2014)、分段压裂时的缝间干扰(李玉梅等，2015)等进行了研究分析。Guo 等(2015a)采用内聚元有限元模型(cohesive-zone-finite-element-model，CZEM)讨论了地应力等对天然裂缝和水力裂缝的影响。王素玲等(2016)设想到影响井筒附近地层的一些因素，在最大拉应力准则的基础上建立三维有限元计算模型，在此模型中考虑到了不同的起裂机制，得出了适合垂直井的条件，然后分析了定面射孔起裂压裂的规律，为未来的应用研究提供了可靠的基础。刘合等(2015)同样也是基于最大拉应力准则建立了定面射孔的三维有限元模型，并且验证了其合理性；同时将定面射孔置于不同的条件下，分析出在正逆不同断层条件下形成的裂缝有何不同；最后通过模拟试验不同射孔参数对裂缝起裂的压力，找出了射孔参数对起裂压力的影响规律。张烈辉等(1997)利用矩形网格与径向网格来模拟水平井附近的流体流动，就是将混合的网格技术应用于水平井模拟，从而分析了动态水力压裂过程。吴忠宝等(2009b)利用对于裂缝面采取等效渗流阻力进行处理的方法，建立了油藏-裂缝耦合模拟等效连续介质模型，从而分析了裂缝性储层水力压裂过程中渗透率各向异性问题。

唐春安等(1997)考虑材料非均质性，建立了一种新的破裂过程算法，从而开发了岩石破裂全过程分析软件系统 RFPA。李连崇等(2003)利用该软件建立渗流-应力耦合模型进行分析，分析指出岩石在孔隙水压力的作用下，井筒开裂主要为拉破坏，同时王善勇等(2003)利用该软件得出岩石的非均质性对于裂缝的扩展具有重要的影响。张潦源等(2015)运用 RFPA2D-Flow 建立了考虑页岩层理面的数值模型，研究了水力裂缝和页岩层理面的相互作用，分析了地应力差的控制作用。冷雪峰等(2002)建立了含单孔的岩石材料模型，分析了水力压裂过程中岩石的失稳力学行为。门晓溪(2015)则通过 RFPA2D-Flow 软件研究了页岩在水力压裂过程中的基本渗流-损伤特性和水力压裂机理，同时分析了层理参数、地应力差值和定向射孔等参数的影响。

扩展有限元法(extended finite element method，XFEM)是由 Moës 等(1999，2002)提出的，采用扩展有限元方法模拟裂缝扩展时可以不用重新划分网格，但同时它也保留了传统有限元分析的优点。Réthoré 等(2008)和 Ren 等(2009)在早期曾使用扩展有限元的方法较为简单地模拟了水力裂缝扩展的过程。采用扩展有限元法来模拟水力压裂过程，相比其他传统软件，可以不用考虑裂缝扩展过程中的网格重划分问题，同时可以更为准确地刻画水力裂缝的扩展特征，并且计算速度更快(Fries et al.，2010)，因此引起众多国内外学者的关注。Lecampion(2009)使用扩展有限元法分析了不考虑流固耦合作用时的水力压裂过程。Keshavarzi 等(2012)在应用扩展有限元法分析水力裂缝扩展过程时，虽然考虑了流固耦合作用，但是在假设裂缝面上作用的流体压力不变的情况下进行的分析，和实际压裂过程不符。Arash(2009，2011a，2011b)和 Keshavarzi 等(2012)采用扩展有限元的方法系统地研究了水力裂缝与天然裂缝的扩展规律，但忽略了压裂液沿裂缝面的滤失。Taleghani(2010)利用扩展有限元法进行了页岩储层在天然裂缝条件下的水力压裂裂缝扩展模拟，主要对垂直井进行计算。Chen(2013)则验证了扩展有限元模型在模拟水力压裂时的准确性与实用性。同年，Mohammadnejad 等(2013)使用扩展有限元法分析了在多孔介质中水力裂缝缝宽、缝长、缝口水压力在压裂过程中的变化情况，并研究了渗透率、注入率、流体黏度等参数的影响。Goodarzi 等(2015)考虑注水井对应力场的影响，研究分析了注水井附近水力裂缝扩展的规律。曾青冬等(2014)使用扩展有限元方法分析了页岩材料力学参数、注入速度等参数同水力裂缝扩展动态的关系。侯冰等(2015b)基于不连续方程，采用扩展有限元的方法，模拟了随机天然裂缝影响下水力裂缝扩展规律。魏波等(2016)在建立页岩储层中水平井水力裂缝扩展的数学模型时，在模型中加入裂缝内流体流动和岩石应力应变的影响，结合扩展有限元法计算该模型，分析了水平主应力、岩石力学特征参数和注入速度对水力裂缝扩展形状的作用，并研究了多条水力裂缝同时扩展时的动态。Wang 等(2016)采用扩展有限元法建立二维正交各向异性介质流固耦合数值模拟，结果表明裂缝扩展由原始地应力和材料的各向异性综合决定。

Ben 等(2011，2012，2013)提出非连续变形分析(discontinuous deformation analysis，DDA)方法，研究了介质的弹性模量、压裂液注入率、地应力方向和天然裂缝等对水力裂缝的形态和扩展方向的影响。Weng 等(2011)和 Kresse 等(2013)提出非常规裂缝扩展模型(unconventional fracture model，UFM)，研究了水力裂缝的扩展路径、扩展长度、裂缝宽度、支撑剂的分布等参数。Meyer 等(2010，2011)提出离散化缝网模型(discrete fracture network，DFN)，研究了地应力、支撑剂、压裂液黏度等对水力裂缝几何形态的影响。

其他学者还利用有限差分法(fast Lagrangian analysis of continua，FLAC)(Nagel et al.，2011，2013；Zhou et al.，2016；Wasantha et al.，2017)、颗粒流方

法(particle flow code，PFC)(Fu et al.，2013；Behnia et al.，2015；Marina et al.，2015；Zou et al.，2016；Zhou et al.，2017)或离散元法(discrete element method，DEM)(Olson，2008；Olson et al.，2009；Wu et al.，2013；Zhang et al.，2017)等方法研究单裂缝和多裂缝扩展、天然裂缝、应力阴影及相关工程因素(压裂液注入速率、压裂液黏度、支撑剂等)对裂缝扩展模式的影响。

1.2.4　水力压裂诱发微震机制研究

最早使用微地震监测技术是在采矿工程中，主要被用于监测预防采矿过程中可能产生的地质灾害，而微地震监测技术被用于油气资源的开采并得到广泛的认可是在 20 世纪 80 年代中期(Segall，1989)。1997 年，美国斯伦贝谢公司验证了微地震监测技术在低渗透储层水力压裂施工中的应用价值(Ren et al.，2001)。

微震运用到水力压裂裂缝扩展方面的研究，国外的理论和技术较为成熟，1997 年成功使用水力压裂微震数据进行成像及裂缝扩展研究，并将微震机制当中的理论结合到实际，运用波动理论的正演反演指导工程达到理论与实际相结合。在得克萨斯州东部棉花谷气田中，Walker(1997)研究了水力压裂的几何属性，采用高精度定位技术提高砂岩储层中水力压裂处理的图像分辨率(Rutledge et al.，2003)，优化水力压裂过程中的速度模型，研究衰减和估算各向异性参数(Kendall et al.，2011)。Phllips 等(2002)于井下布置检波器，发现地震活动向地面注入点的迁移，可能源于最初没有发生剪切裂缝的滑动产生高水平地震活动。

国内研究一般根据声发射定位，直观反映岩样内部裂缝初始、扩展的位置，并没有深入对微震机制和裂缝扩展机理方面的研究。王治中等(2006)和王长江等(2008)将微震运用到油田上，在长庆油田进行两次水力压裂井下监测试验，为合理布井选择最佳注采间距提供了依据。李雪等(2012)和段银鹿等(2013)结合某油田水力压裂微地震资料，进行了水力裂缝发育和演化的过程预测，指导水力压裂施工作业。吕世超等(2013)介绍了井中微地震监测资料的具体处理步骤与方法(预处理、滤波、有效微地震事件拾取以及微地震震源定位)，并分析实际资料的压裂效果。刘尧文等(2016)通过地面及井中微地震联合监测技术，准确了解到涪陵页岩气气田"井工厂拉链式"压裂过程中的水力裂缝展布情况。

相关学者采用室内试验研究了微震监测水力裂缝的扩展形态(付海峰等，2013)、各向异性(Song et al.，2015；Grechka，2015)、破坏演化过程(赵兴东等，2007，2008)等，根据微地震信号的频谱特征(Aminzadeh et al.，2013；Eaton et al.，2014)、最大振幅分布规律(赵小平等，2015)、P 波初动(叶根喜等，2008；吴治涛等，2010；徐钰等，2012)、矩张量(Manthei et al.，2001；Abdulaziz，2013)等反演裂缝的破裂机制、方位参数、时空演化等信息。根据 Barnett 页岩的数据，Busetti 等(2014a，2014b)将地震学与岩土力学(莫尔-库仑定理)相结合研究水压致裂微震震源机制，评估诱发微地震的潜在机制。Das 等（2011，2013）研究表明长持续时间信号是发生在天然裂缝密度以及流体压力最高的区域。

　　微地震监测最主要的目的就是确定水力压裂过程中微地震事件的震源位置，从而确定压裂裂缝的具体形态和变化过程。宋维琪等（2008b）提出了改进射线追踪算法用于反演分析微地震震源的空间分布特征。孙英杰（2008）设计了震源速度的联合反演方法，反映了裂缝的真实位置。刘恒（2009）在综合使用射线追踪算法和波形互相关技术的基础上，对微地震震源进行了定位分析。文成哲（2010）提出了全局优化的遗传算法和局域搜索技术的联合思想，提升了反演的精度。张娜玲（2010）使用井下-地面结合监测的方式对水力压裂的过程进行了微地震监测，同时应用同型波时差定位的方法对震源进行了反演，该方法即可以提高采集到的微地震信号的信噪比，也可以使震源反演计算满足线性可解的要求。相关学者提出快速网格震源搜索定位 DIRETC 算法（王云宏，2016）、遗传算法（宋维琪等，2011a）、干涉测量法（Poliannikov et al.，2011）、射线追踪算法（王荣伟等，2009）、网格点搜索算法（杨心超等，2016）、网格搜索反演算法（宋维琪等，2011b）、同型波时差定位算法（张娜玲，2010）等对水力压裂微地震震源定位、微地震震源机制等进行分析和优化。Song 等（2013）使用全波形方法（提高反演的稳定性）对水力压裂微震数据进行矩张量反演震源机制研究。岩体破裂过程伴随着体积的变化（Fischer et al.，2008），矩张量也可以解释应力应变的变化（Baig et al.，2010）。朱海波等（2014）采用广义反透射系数方法正演理论，用矩张量描述震源属性，反演出震源机制解。部分学者将矩张量反演理论应用于数值模型中，认为水力压裂整个阶段的震源机制以拉伸破裂类型为主（Guest et al.，2010）。根据水力压裂的微震信号反演微震机制，转化成离散断裂网络（DFN）模型研究水力压裂破裂机理（Eisner et al.，2010，2011；Yu et al.，2014）。

第2章 页岩各向异性力学特性及可压性评价

页岩储层具有明显的层理性质，由于矿物颗粒形状大小不同，而且随机分布和组合，使得页岩体的力学特性有明显的各向异性特征。在常用的水力压裂过程中，层理面总是早于岩体发生破裂，从而导致水力裂缝在延伸时沿着软弱面开裂，使得缝网难以产生，水力压裂效率下降，最终导致页岩气的开采遇到困难。所以，进行页岩的各向异性特征研究，分析其力学性能和破坏机制，对于分析在页岩气开采中水力裂缝的扩展规律有着非常深刻的现实意义。

2.1 页岩破坏模式的各向异性试验研究

页岩气开采时经常会遇到有关井壁稳定性以及水力裂缝的扩展规律等问题，这与页岩在受到荷载作用时的破坏模式及其各向异性有很大的关系，最终影响着安全钻井、勘探开采效率等关键问题。所以积极地开展页岩破坏模式的各向异性特征试验，分析其破坏机制和各向异性，有着重要的现实意义。

本节采用巴西劈裂试验、单轴压缩破坏试验和三轴压缩试验方法，研究了层理角度为0°、22.5°、45°、67.5°和90°的页岩试样在拉伸、单轴压缩和三轴压缩条件下破坏模式的各向异性。层理角度表达的是页岩层理面法线与圆柱试样轴线的夹角，如图2.1所示。层理面与水平面平行的试样层理角度定义为0°，层理面与水平面垂直的试样层理角度为90°。

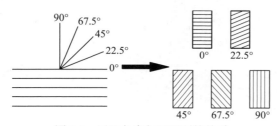

图2.1 层理角度与层理面的关系

所研究页岩取自于四川地区的页岩露头，试样为$\phi 25\text{mm} \times 50\text{mm}$ 和$\phi 50\text{mm} \times 25\text{mm}$ 的标准圆柱试样，前者用来进行单轴和三轴压缩试验，后者用来进行拉伸试验。单轴压缩、三轴压缩和巴西劈裂试验均采用应变控制,加载速率为0.13%/min,直至试样破坏后卸载。试验在RTR-1000岩石三轴力学测试系统上进行,如图2.2所示。

图2.2   RTR-1000岩石三轴力学测试系统

2.1.1   拉伸破坏的各向异性

图2.3为巴西劈裂试验前部分不同层理角度页岩试样的照片。图2.4为不同层理角度页岩试样巴西劈裂试验时的加载示意图,可以看出加载方向和层理角度之间的关系。

图2.3   页岩试样巴西劈裂试验前照片

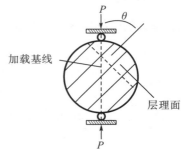

图2.4   不同层理角度加载示意图

图2.5为页岩试样巴西劈裂试验后的照片,图(a)、(b)、(c)、(d)和(e)依次为0°、22.5°、45°、67.5°和90°试样试验后的照片。

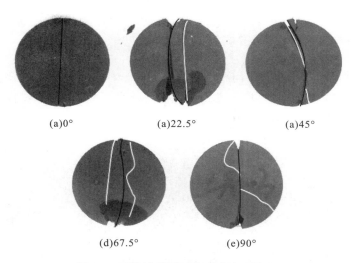

(a)0°　　　　　　　(a)22.5°　　　　　　(a)45°

(d)67.5°　　　　　　(e)90°

图 2.5　页岩试样巴西劈裂试验后照片

　　根据前人研究，基于试件裂纹形态及其分布，可将不同层理角度下页岩的破坏模式划分为 3 种：层理面张拉劈裂破坏、基质和层理面剪切拉伸综合破坏以及基质张拉劈裂破坏(刘运思等，2012)。因此分析本试验可知，当页岩试样层理角度为 0°时，主要发生基质张拉劈裂破坏。此时页岩层理面对其整体强度有较强的增韧作用，其破坏载荷较大，抗拉强度较大，破裂时截面上裂纹较少，主裂纹沿圆盘法线基准方向，且穿过圆盘中心。当页岩试样层理角度为 22.5°、45°和67.5°时，主要发生基质和层理面剪切拉伸综合破坏，其主裂纹呈圆弧状分布，且偏离圆盘中心。根据张树文等(2017)的研究，此时圆盘的破坏路径受到两种机制的影响，一方面由于试样在加载过程中受到拉应力和剪切力的作用，当超过层理面或者基质的拉剪强度时，裂纹会沿着层间发生拉剪破坏；另一方面由于法向荷载的压应力作用，在抑制沿层理面发生滑移破坏的同时，会使得破裂裂缝穿透层面，从而发生剪切拉伸综合破坏。由于层理方位与应力方向存在夹角，圆盘内部的受力结构逐渐由薄片状胶结结构转变为薄片结构中晶体颗粒之间的结晶结构来抵抗拉应力，但由于试样内部存在的裂纹、孔隙、节理等缺陷，影响了裂纹的起裂和扩展，导致裂纹面偏离加载基线。当页岩试样层理角度为 90°时，发生层理面张拉劈裂破坏，主裂纹沿着层理面方向，且穿过圆盘中心。层理面的存在，导致了层间力学属性的不同。劈裂过程中，页岩以薄片状层理结构间的黏聚力来抵抗横向的拉应力，以晶体矿物结晶结构来抵抗法向的压应力，而薄片状层理结构间黏聚力较低，因而呈现层理面张拉劈裂破坏。

　　可以得出，不同层理角度页岩试样的拉伸破坏模式的各向异性是十分明显的。

2.1.2　单轴压缩破坏的各向异性

单轴压缩试验在岩石力学问题的研究中，是一种必不可少的试验手段，通过单轴压缩试验可以得到应力-应变曲线、破坏模式等。图 2.6 为单轴和三轴压缩试验前部分页岩试样的照片。

图 2.6　部分页岩试样试验前照片

1. 应力-应变曲线

将所得试验数据进行统计处理，可以得到如图 2.7 所示的不同层理角度页岩试样的应力-应变曲线图。图中可以看出层理角度为 0°的页岩试样抗压强度大于其他层理角度的页岩试样，层理角度为 67.5°的页岩试样的抗压强度明显最小。页岩全应力-应变曲线的 5 个阶段不明显：有的几乎没有初始压密阶段，有的初始压密阶段不明显，线弹性变形阶段较长，弹性极限与屈服极限十分接近，此阶段与初

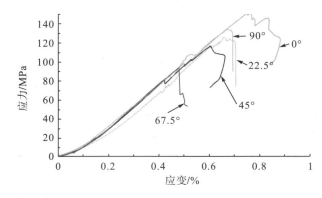

图 2.7　单轴压缩试验应力-应变曲线

始压密阶段、屈服应力点均难以区分，角度较小时曲线斜率几乎不变，表现出明显的线弹性。随着应变的增加，曲线斜率稍有下降，有转向弹塑性的趋势，到达峰值点时，页岩突然破坏，应力陡降，残余强度很小，脆性特征明显。

2. 破坏模式的各向异性

图 2.8 为不同层理角度页岩试样单轴压缩试验后的照片。从图 2.8(a) 中得出，当层理角度为 0°时，页岩试样是贯穿层理面的张拉破坏。这是由于试样两端轴向变形受到抑制，试样会沿着径向方向扩张，最终在试样内部形成了贯穿层理面的张拉破坏，而这种破坏又使得试样沿着层理、节理或者裂隙等软弱结构面开裂成平行的几部分。

(a)0°　　　　　　　　　　　　　(b)22.5°

(c)45°　　　　　　　　　　　　　(d)67.5°

(e)90°

图 2.8　单轴压缩试验后的典型破裂形态

从图 2.8(b) 能够得出，层理角度为 22.5°的页岩试件，最终破坏形式是沿着层理面和贯穿层理面的复杂剪切破坏以及平行于轴向方向的张拉破坏。对于复杂剪切破坏，是因为在轴向加载时，由于层理面的原因，形成张拉破坏裂缝的同时，试样还会在两端形成大角度的初始剪切裂缝，由于层理面的抗剪能力较低，最终形成了沿着层理面和贯穿层理面的复杂剪切破坏。

从图2.8(c)能够得出，层理角度为45°的页岩试件，最终破坏形式是沿着层理面和贯穿层理面的剪切破坏。如图所示，形成了多个贯穿层理的剪切破裂面，而发生这种情况的原因是由于基质体中裂纹扩展和层理弱结构面共同的作用，它们一起主导了试样的剪切滑移破裂。试样从两端开始形成了大角度的剪切破裂面，随着破裂面向岩样中部扩展，贯穿多个层理面，最终层理面连接基质中的破裂面，形成复杂的裂缝网格。

从图2.8(d)能够发现，层理角度为67.5°的页岩试件，最终破坏形式是沿着层理面的剪切破坏和平行于轴向方向的张拉破坏。这是因为在轴向加载时，由于层理面的存在，在轴向受到压缩形成张拉破坏裂缝的同时，试样还沿着层理面滑移，形成了沿着层理面的剪切破坏。

从图2.8(e)能够得出，层理角度为90°的页岩试件，最终破坏形式是沿着层理面张拉劈裂破坏。层理弱结构面是导致破裂的主要原因。破坏时，试样形成了多个平行于层理面且贯穿了岩样两个端面的张拉破裂面，主要是因为在轴向加压过程中，试样轴向压缩径向扩张而产生拉应力，层理面的胶结程度较弱，从而形成多个平行于层理面的张拉破坏面。这也是由于页岩微孔隙和微裂纹受颗粒排列的影响，大多和层理面平行。当轴向施加荷载时，沿着层理发育的微裂纹更容易发生张拉扩展，因此使得最终的破坏形式为沿着层理面的张拉劈裂破坏。

图2.9对应五种破裂模式。可以明显地看出，不同层理角度页岩试样的单轴压缩破坏模式的各向异性特征是十分明显的。

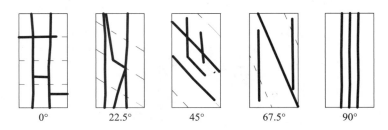

| 0° | 22.5° | 45° | 67.5° | 90° |

图2.9　单轴压缩下页岩破坏模式

2.1.3　三轴压缩破坏的各向异性

1. 应力-应变曲线

将所得试验数据进行统计处理，可以得到如图2.10所示的不同层理角度页岩试样在不同围压下的三轴压缩应力-应变全过程曲线。分析曲线，可以得到如下结果：

（1）页岩的应力-应变曲线表现出明显的各向异性特征，随着围压从 30MPa 增加到 50MPa，页岩的抗压强度逐渐增加，脆性特征逐渐减弱，延性特征逐渐增强。

（2）不同层理角度的页岩在不同围压作用下，径向应变量显著小于轴向应变，而当围压逐渐增加时，其径向应变和轴向应变也逐渐增加。

（3）应力-应变曲线中，不同层理角度页岩的压密阶段较为明显，表明页岩试样内部存在张开性结构面或微裂隙，在外力作用下压密效果较为明显。这也对其试样的弹性模量和泊松比有所影响。

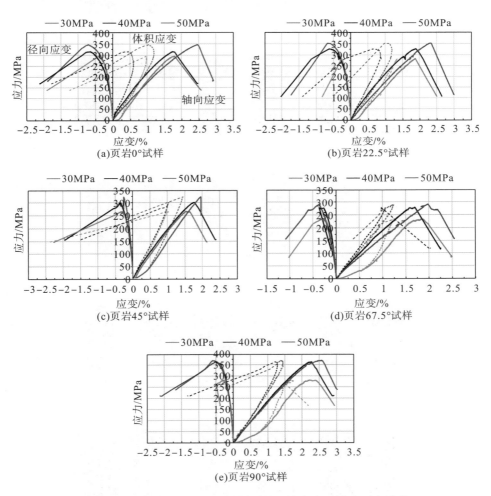

图 2.10　不同层理角度页岩试样三轴压缩应力-应变全过程曲线

2. 破坏模式的各向异性

图 2.11 所示为页岩试样在三轴压缩试验后的照片。由图可知，在不同的围压下，不同层理角度页岩试样表现出明显的各向异性规律。

(a)页岩0°试样

(b)页岩22.5°试样

(c)页岩45°试样

(d)页岩67.5°试样

(e)页岩90°试样

图 2.11　不同层理角度页岩试样在不同围压三轴压缩试验破坏后的照片

　　页岩 0°试样在围压为 30MPa 时，主要是贯穿层理的张拉破坏和剪切破坏。围压为 40MPa 和 50MPa 时，页岩试样主要为剪切破坏，在试样底部或者中部形成呈 "V" 形或者 "X" 形交叉的两个剪切破裂面。

　　页岩 22.5°试样在围压为 30MPa、40MPa 和 50MPa 时，其破坏形式基本是相同的，主要是贯穿层理的剪切破坏。

　　页岩 45°试样在围压为 30MPa 和 40MPa 时，其破坏模式为沿着层理面和贯穿层理面的剪切破坏，产生相互交叉的剪切破裂面，且围压为 30MPa 时相互交叉的剪切破坏面要多于围压为 40MPa 时。在围压为 50MPa 时，页岩试样主要是沿着页岩层理面的剪切破坏，并无产生相互交叉的剪切破裂面。可以看出，围压的高低对该层理角度页岩试样的破坏形式产生了一定的影响。

　　页岩 67.5°试样在三种不同围压情况下的破坏形式基本是相同的，其破坏形式主要是沿着层理面的剪切破坏，且剪切裂纹贯穿整个岩样，与上下端面边缘相交，试样剪切面较为平整。

　　页岩 90°试样在围压为 30MPa 和 40MPa 时，其破坏模式主要为沿着层理面的张拉破坏以及与张拉破坏贯穿的剪切破坏。当围压为 50MPa 时，其破坏模式主要是贯穿层理的剪切破坏，且剪切裂纹贯穿着整个岩样与上下端面边缘相交。

　　可以发现，围压较低时，层理、沿层理方向的孔隙、微裂隙、层状薄片矿物间隙在岩样破坏过程中依然表现为弱面结构，比较容易形成较为复杂的裂缝形式；而围压较高时，层理、微裂隙等内部原始缺陷被围压束缚，破裂后形成的破裂面比较单一，主要为剪切破裂面，没有明显的交错裂缝。

2.2　页岩物理力学参数的各向异性试验研究

　　页岩的物理力学参数和破坏模式一样，也影响着水力裂缝的扩展问题。页岩层理面和微观孔隙等使物理力学参数具有显著的各向异性，这在页岩气开采过程中起着很重要的作用。本节通过超声波测试、巴西劈裂试验、单轴压缩试验和三轴压缩试验，测得 5 个层理角度的页岩试样相关的物理力学参数，分析研究了其各向异性特征，并计算各向异性材料相关参数。

2.2.1　破坏强度的各向异性

　　进行不同层理角度页岩试样的巴西劈裂、单轴压缩和三轴压缩试验，测得不同情况下页岩的破坏强度，并分析其各向异性。

2.2.1.1　抗拉强度的各向异性

　　巴西劈裂试验中用于测试岩石抗拉强度的公式来自于弹性力学中对受压圆盘

的解析解(喻勇等，2005)。若圆盘试样的高度为 h，破坏荷载为 P，则抗拉强度计算公式如下：

$$\sigma_t = \frac{2P}{\pi dh} \tag{2.1}$$

式中，σ_t 为岩石的抗拉强度，MPa；P 为试样所承受的破坏荷载，N；d 为试样的直径，mm；h 为试样的高度，mm。

通过巴西劈裂试验测得的抗拉强度如表 2.1 所示，从表里可以看出页岩的抗拉强度很低，并且具有明显的各向异性特征。

表 2.1　页岩巴西劈裂试验结果

层理角度/(°)	抗拉强度/MPa	
	最大值	平均值
0	11.11	9.55
22.5	10.47	8.90
45	8.66	8.29
67.5	8.00	7.89
90	6.68	6.49

图 2.12 为页岩试样的抗拉强度与层理角度的关系曲线图。从图中能够得到，随着层理角度逐渐变大，抗拉强度表现出逐渐减小的规律，0°的页岩试样抗拉强度值最高，最大值达到 11.11MPa，平均值是 9.55MPa；90°的页岩试样抗拉强度值最低，平均值是 6.49MPa；能够看出，层理方向很大程度上影响了页岩的抗拉强度。

根据图 2.12 所反映的变化规律，运用线性拟合获得抗拉强度和层理角度两者之间的关系式：

$$\sigma_t = 9.65 - 0.032\theta \tag{2.2}$$

式中，σ_t 为抗拉强度，MPa；θ 为层理角度，(°)。

R^2 为 0.9526，拟合的效果较好，拟合曲线如图 2.13 所示。

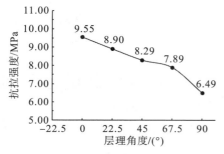

图 2.12　抗拉强度与层理角度的关系

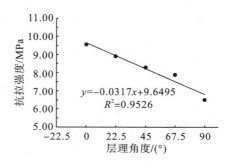

图 2.13　抗拉强度与层理角度关系拟合曲线

2.2.1.2　单轴抗压强度的各向异性

岩石的单轴抗压强度被定义成岩石自身在单轴荷载的作用下，能够承受的最大荷载。单轴抗压强度一般由式(2.3)求得

$$\sigma_c = \frac{4P}{\pi d^2} \tag{2.3}$$

式中，σ_c 为岩石单轴抗压强度，MPa；P 为试样所能承受的最大压力，N；d 为圆柱试样的直径，mm。

通过对不同层理角度的页岩试样进行单轴压缩试验，得到单轴抗压强度结果参数如表 2.2 所示。单轴抗压强度和层理角度的关系如图 2.14 所示。可以看出，随着层理角度的增加，单轴抗压强度曲线呈现出两边高中间低的"U"形变化趋势。0°的试样抗压强度最大，平均抗压强度为 143.33MPa；90°的试样平均抗压强度为 128.40MPa；22.5°、45°和 67.5°的试样，单轴抗压强度随着层理角度的增加逐渐递减。22.5°的试样平均抗压强度为 131.63MPa；67.5°试样的最大抗压强度为103.30MPa，平均抗压强度为 94.27MPa，在各角度中为最小。由此可见，试样单轴抗压强度各向异性十分明显，是层理面和裂隙等软弱面的存在极大地影响了页岩的承压能力。

表 2.2　页岩试样单轴抗压强度

层理角度/(°)	抗压强度/MPa		
	最大值	最小值	平均值
0	151.60	138.30	143.33
22.5	144.60	125.90	131.63
45	127.50	117.00	121.57
67.5	103.30	85.00	94.27
90	133.80	125.00	128.40

根据页岩抗压强度随层理角度的变化趋势，可以多项式拟合得到如下方程：

$$\sigma_c = 0.0004\theta^3 - 0.0486\theta^2 + 0.6607\theta + 141.94 \tag{2.4}$$

R^2 为 0.8987，说明拟合效果很好，其拟合曲线如图 2.15 所示。

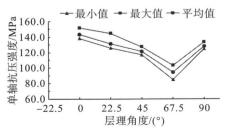

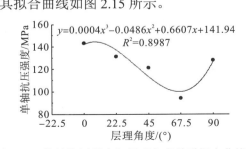

图 2.14　单轴抗压强度与层理角度的关系　　图 2.15　单轴抗压强度与层理角度关系拟合曲线

2.2.1.3 三轴压缩强度的各向异性

三轴压缩试验情况下，不同围压条件下的压缩强度 $\sigma_{1,max}$ 按下式计算：

$$\sigma_{1,max}=\frac{P}{A} \tag{2.5}$$

式中，$\sigma_{1,max}$ 为不同围压下的压缩强度，MPa；P 为不同围压下试样能够承受的最大压力，N；A 为圆柱试样的截面积，mm^2。

1. 三轴压缩强度的各向异性

不同层理角度页岩在不同围压下的三轴压缩强度如表 2.3 所示。压缩强度和层理角度的关系如图 2.16 所示。

可以看出，随着层理角度的逐渐增加，各围压下的页岩试样的三轴压缩强度呈现出两边高中间低的"U"形变化规律，这与单轴压缩试验时的变化趋势是一致的。也就是说，由于受层理面的影响，页岩试样表现出了明显的各向异性，具体表现如下：

（1）页岩试样的抗压强度随着层理角度的不同，呈现先减小后增大的"U"形变化趋势。在围压为 30MPa 时，层理角度为 0°和 22.5°的页岩试样的压缩强度要大于 90°试样。但是随着围压的升高，当围压为 40MPa 和 50MPa 时，90°的试样压缩强度要大于 0°和 22.5°页岩试样的压缩强度。这说明在围压较高的情况下，施加在页岩试样上的横向力更大程度上限制了层理弱面与基质体之间的分离变形，而这种情况的破坏要比层理弱面的拉破坏小，因此使得页岩试样的强度更高。

表 2.3 不同层理角度页岩试样三轴压缩强度

层理角度/(°)	围压/MPa	三轴压缩强度/MPa
0	30	294.83
	40	316.27
	50	347.12
22.5	30	283.18
	40	327.40
	50	352.24
45	30	266.07
	40	300.86
	50	323.12
67.5	30	233.74
	40	278.62
	50	291.07
90	30	281.44
	40	362.97
	50	369.50

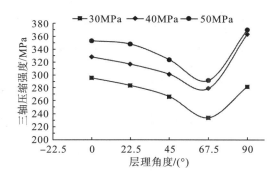

图 2.16　页岩试样三轴压缩强度和层理角度的关系

　　(2)随着围压的升高,不同层理角度的页岩试样的抗压强度都在逐渐增加,但围压越高,抗压强度增加的幅度反而越小。

　　(3)层理角度为 90° 的页岩试样,当围压达到 40MPa 和 50MPa 时,其抗压强度大小之间相差仅为 6.53MPa,说明围压对三轴压缩强度影响的程度逐渐变小。

　　(4)各层理角度页岩试样在不同围压下的抗压强度中,层理角度为 67.5° 的页岩试样的抗压强度在各角度中为最小。

　　2. 页岩抗压强度在不同围压下的各向异性度

　　为了更深入地分析页岩的抗压强度在围压发生变化时的改变情况,前人提出了抗压强度表征的各向异性度 R_c(Niandou et al.,1997),如式(2.6):

$$R_c = \frac{\sigma_{c\max}}{\sigma_{c\min}} \tag{2.6}$$

式中,$\sigma_{c\max}$、$\sigma_{c\min}$ 为抗压强度的最大值和最小值。

　　根据上式可以计算出页岩试样抗压强度在不同围压下的各向异性度,结果如表 2.4 所示。

表 2.4　页岩试样抗压强度在不同围压下的各向异性度

围压/MPa	0	30	40	50
R_c	1.52	1.26	1.3	1.27

　　由表 2.4 中所得页岩各向异性度与前人所研究的其他地区页岩相比较,其各向异性度较强,且在有围压情况下,页岩依然显现出显著的各向异性特征,这也能更进一步说明层理对页岩各向异性的影响较大,与横观各向同性材料的特征相似。但可以看出,在围压较低时,各向异性度较大,围压较高时,页岩的各向异性度有所减小。根据前人研究(周枫等,2016),这主要是因为页岩微观孔隙和裂缝基本上大多数是平行于层理面的,而且主要在黏土矿物颗粒间存在发育,围压

的变大使得微裂隙慢慢闭合，从而导致各向异性度减小，各向异性减弱。这也能够说明，当有围压的情况下，页岩层理面的剪切滑移会被一定程度地抑制。

2.2.2　静弹性参数的各向异性

通过单轴压缩和三轴压缩试验所得结果，计算不同层理角度页岩试样在相应条件下的弹性模量和泊松比，对其各向异性进行分析。

2.2.2.1　单轴压缩弹性模量和泊松比各向异性

如表 2.5 所示为不同层理角度页岩试样单轴压缩的弹性模量和泊松比。

表 2.5　页岩试样单轴压缩试验弹性模量和泊松比

层理角度/(°)	弹性模量/GPa	泊松比
0	22.31	0.28
22.5	19.85	0.28
45	20.33	0.26
67.5	21.25	0.17
90	23.94	0.32

图 2.17 为页岩试样的弹性模量与层理角度之间的关系曲线图。可以看出，层理角度为 90°时的页岩弹性模量最大，为 23.94GPa。90°页岩中各种矿物颗粒分布排列比较均匀且规则，各种孔隙以及大小微裂缝发育不明显，各类矿物之间胶结地较好。因此在压缩过程中，试样压缩变形较小，弹性模量较大。当 0°页岩试样时，各种孔隙结构明显存在且微裂缝较为发育，而矿物颗粒的分布和多者之间的排列很不规则。因此在压缩过程中，变形较大，弹性模量较小。随着层理角度的变化，弹性模量的整个变化趋势是从 0°到 22.5°减小，然后从 22.5°到 90°持续增加。

根据页岩试样弹性模量随着层理角度的变化趋势，可以拟合得到式（2.7）：

$$E = 0.0015\theta^2 - 0.1156\theta + 22.137 \qquad (2.7)$$

式中，E 为弹性模量，GPa；θ 为层理角度，（°）。

R^2 为 0.9676，说明拟合效果很好，其拟合曲线如图 2.18 所示。

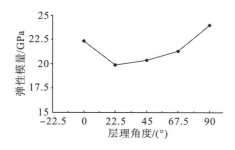

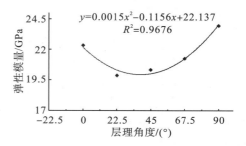

图 2.17　弹性模量与层理角度的关系　　　图 2.18　弹性模量与层理角度关系拟合曲线

　　图 2.19 为页岩试样的泊松比与层理角度之间的关系曲线图。页岩试样的泊松比在 0.17~0.32 之间，可以看出 90°时泊松比最大，67.5°时最小。根据张永泽（2016）的研究可知，当轴向加载平行于层理面时，即层理角度为 90°时，轴向变形较小，而径向变形较大，因此泊松比较大；而对于 22.5°、45°和 67.5°的页岩来说，在轴向加载时，由于试样沿着层理面产生滑移，因此加大了其轴向变形，所以泊松比较小；而对于 0°页岩，因为内部孔隙以及微裂缝发育的影响，使得在轴向加载下，变形稍大于 90°时的页岩，因此其泊松比处于以上两者之间。

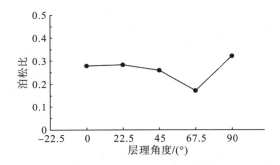

图 2.19　泊松比与层理角度的关系

2.2.2.2　三轴压缩弹性模量和泊松比各向异性

1. 弹性模量和泊松比各向异性

表 2.6 为不同层理角度页岩试样在不同围压下的静弹性参数。

表 2.6　不同层理角度页岩试样弹性模量和泊松比

层理角度/(°)	围压/MPa	弹性模量/GPa	泊松比
	30	22.01	0.20
0	40	21.36	0.25
	50	16.62	0.17
	30	22.02	0.23
22.5	40	22.47	0.21
	50	17.50	0.18
	30	18.73	0.19
45	40	19.81	0.19
	50	17.09	0.18
	30	18.24	0.16
67.5	40	18.77	0.17
	50	15.89	0.17
	30	21.95	0.16
90	40	18.71	0.17
	50	17.63	0.15

图 2.20、图 2.21 为不同层理角度页岩试样在不同围压下的静弹性参数和层理角度之间的关系图。可以看出,在不同围压下弹性模量和泊松比表现出明显的各向异性特征,但其各层理角度页岩试样在不同围压下的弹性模量,以及泊松比与层理角度的关系和单轴压缩试验时的改变趋势并不相似。

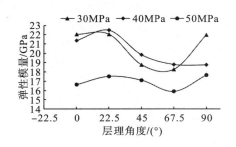

图 2.20 试样弹性模量与层理角度的关系

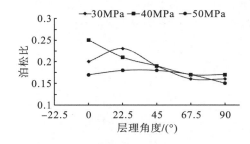

图 2.21 试样泊松比与层理角度的关系

2. 页岩弹性模量在不同围压下的各向异性度

为了更深入地分析页岩的弹性模量在围压发生变化时的改变情况,前人提出了弹性模量表征的各向异性度 R_E(丁巍等,2016),如下式:

$$R_E = \frac{E_{\max}}{E_{\min}} \tag{2.8}$$

式中,$E_{\max}$、$E_{\min}$ 为相应围压下弹性模量的最大值和最小值。

根据上式可以计算出页岩试样弹性模量在不同围压下的各向异性度,计算结果如表 2.7 所示。

表 2.7 页岩试样弹性模量在不同围压下的各向异性度

围压/MPa	0	30	40	50
R_E	1.206	1.203	1.201	1.110

由表 2.7 可以看出,在围压较低时,各向异性度较大,围压较高时,页岩的各向异性度有所减小。这主要是因为围压的变大使得页岩微观裂隙逐渐闭合,均质性增加,各向异性减弱。

2.2.3 动态参数的各向异性试验

为了研究页岩动态参数的各向异性,对层理角度分别为 0°、22.5°、45°、67.5° 和 90°的 $\phi 25\text{mm} \times 50\text{mm}$ 的标准圆柱体试样进行超声波测试,计算动态参数,并分析其各向异性。

1. 岩石超声波测试方法

超声波测试在岩石力学领域早已应用广泛。通过测试纵横波速在岩石内部的传播速度可以确定岩石的动态参数，也能够通过超声波测试所得的参数进行岩石内部情况的分析，如判断岩体是否破裂等。

在牛顿第二定律和弹性理论的基础上，岩体中的纵波波速 V_P 和横波波速 V_S 与岩石的力学参数之间存在如式(2.9)、式(2.10)所示的关系(徐芝纶，1979)：

$$V_P = \sqrt{\frac{E(1-v)}{\rho(1+v)(1-2v)}} \tag{2.9}$$

$$V_S = \sqrt{\frac{E}{2\rho(1+v)}} \tag{2.10}$$

式中，V_P 为岩石的 P 波速度，m/s；V_S 为岩石的 S 波速度，m/s；v 为泊松比；ρ 为岩石的密度，kg/m³。

测试所采用的数字示波器，如图 2.22 所示。该测试仪器可以用来监测岩石的均匀性、裂缝发育情况以及岩石内部的缺陷等。

图 2.22　RIGOL-DS5022M 双通道 25M 数字示波器

试验所采用的页岩岩样为 $\phi 25\text{mm} \times 50\text{mm}$ 的圆柱体试样，试验时采用直达波法，使用凡士林作为耦合剂将换能器放置在页岩试样两端面的中心，激发声波，通过下式计算页岩试样的纵波波速和横波波速：

$$V_P = \frac{L}{t_P - t_0} \tag{2.11}$$

$$V_S = \frac{L}{t_S - t_0} \tag{2.12}$$

式中，L 为发射、接收换能器中心间的距离，m；t_P 为纵波的传播时间，s；t_0 为试验器械的零延时，s；t_S 为横波的传播时间，s。

通过岩石的纵横波速以及密度可以得出岩石的相关动态参数，具体参数和计算公式如式(2.13)(李海波等，1995；GB/T 50266—2013)所示：

$$\begin{cases} E_d = \dfrac{\rho V_S^2 (3V_P^2 - 4V_S^2)}{V_P^2 - 2V_S^2} \\[3mm] v_d = \dfrac{(V_P^2 - 2V_S^2)}{2(V_P^2 - V_S^2)} \\[3mm] G_d = \rho V_S^2 \\[2mm] K_d = \rho \left(V_P^2 - \dfrac{4}{3} V_S^2\right) \\[3mm] \lambda_d = \rho (V_P^2 - 2V_S^2) \end{cases} \tag{2.13}$$

式中，E_d、v_d、G_d、K_d、λ_d 分别为岩石的动弹性模量、动泊松比、动剪切模量、动体积模量、动拉梅常数。

2. 动态参数的各向异性

利用超声波测试得到岩石的纵横波波速，通过公式(2.13)计算得到页岩的各动态参数，其结果如表 2.8 所示。从表中可以看出，当层理角度从 0°到 90°时，弹性波波速变化非常明显，纵波波速从 4598m/s 上升到了 4787m/s，横波波速由 2872m/s 上升到了 2965m/s。纵横波速比在 1.60～1.64 之间，动弹性模量在 49.19～52.86 GPa 之间，动泊松比在 0.18～0.20 之间，动剪切模量在 20.76～22.27 GPa 之间，而动体积模量和动拉梅系数分别在 25.98～29.23 GPa 和 12.01～14.73 GPa 之间。

表 2.8 不同层理角度页岩超声波测试结果

层理角度/(°)	0		22.5		45		67.5		90	
试样编号	1	2	1	2	1	2	1	2	1	2
$t_P/\mu s$	18.38	18.35	18.27	18.31	18.18	18.21	18.12	17.91	18.01	18.05
$t_S/\mu s$	30.71	30.74	30.71	30.72	30.61	30.59	30.37	30.44	30.21	30.38
$V_P/$ (m/s)	4598	4618	4679	4666	4709	4680	4725	4787	4774	4779
$V_S/$ (m/s)	2874	2872	2895	2889	2912	2894	2928	2920	2951	2965
V_P/V_S	1.60	1.61	1.62	1.62	1.62	1.62	1.61	1.64	1.62	1.61
$E_d/$GPa	50.70	49.19	50.12	49.95	50.71	50.51	51.41	51.63	52.83	52.86
v_d	0.18	0.18	0.19	0.19	0.19	0.19	0.19	0.20	0.19	0.19
$G_d/$GPa	21.50	20.76	21.06	21.00	21.30	21.22	21.63	21.45	22.18	22.27
$K_d/$GPa	26.35	25.98	26.91	26.78	27.30	27.19	27.48	29.23	28.48	28.15
$\lambda_d/$GPa	12.01	12.14	12.87	12.78	13.10	13.05	13.05	14.73	13.69	13.31

如表 2.9 所示为不同层理角度页岩动态参数的平均值，可以看到，随着层理角度从 0°到 90°逐渐增加，页岩试件的各种动态参数都产生了明显的变化，因此各向异性特征是十分显著的。

表 2.9 不同层理角度页岩动态参数平均值

层理角度/(°)	V_P/(m/s)	V_S/(m/s)	E_d/GPa	ν_d	G_d/GPa	K_d/GPa	λ_d/GPa
0	4608	2873	49.945	0.182	21.131	26.164	12.077
22.5	4672	2892	50.034	0.189	21.033	26.848	12.826
45	4695	2903	50.608	0.190	21.257	27.244	13.073
67.5	4756	2924	51.522	0.196	21.543	28.252	13.890
90	4777	2958	52.847	0.189	22.225	28.315	13.499

图 2.23 为页岩试样的纵横波波速随层理角度的变化曲线。图 2.24 为页岩试样的动弹性模量、动剪切模量以及动体积模量随层理角度的变化曲线。图 2.25 和图 2.26 分别为页岩试样的动泊松比和动拉梅系数随层理角度变化的曲线。

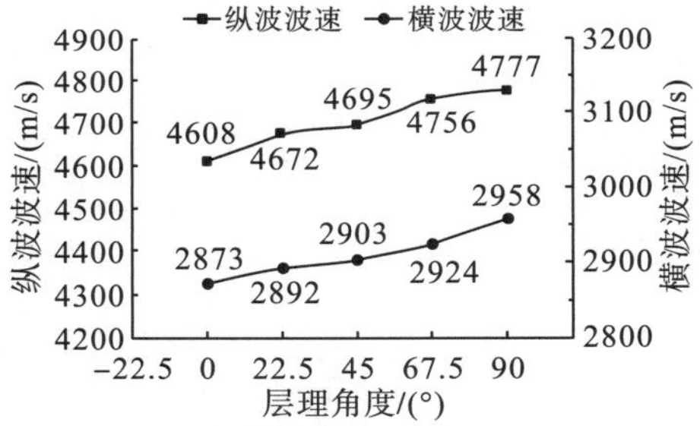

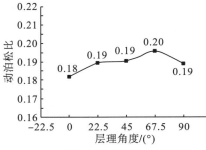

图 2.23 不同层理角度试样的波速

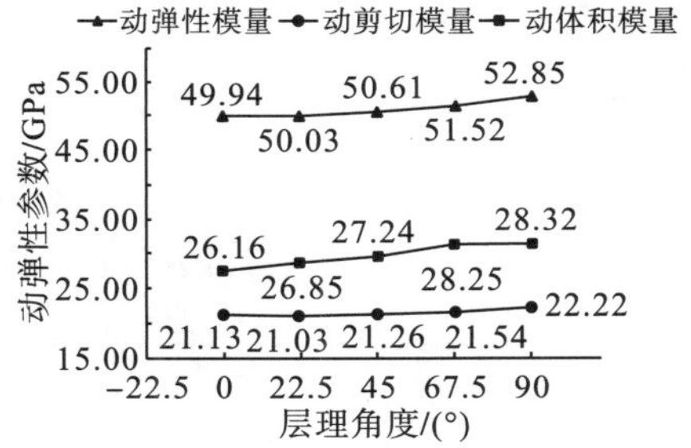

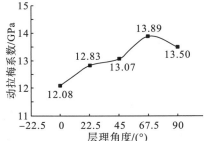

图 2.24 不同层理角度试样的动弹性参数

图 2.25 不同层理角度试样的动泊松比

图 2.26 不同层理角度试样的动拉梅系数

以上可以看出，随着层理角度逐渐增大，其页岩试样的纵横波波速、动弹性模量、动剪切模量以及动体积模量都显现出逐渐变大的趋势。0°时波速与动弹性参数都最小，90°时波速与大部分动弹性参数基本是最大的，表现出了很强的各向异性特征。

　　页岩波速逐渐变大的情况，是因为受到了页岩内部本身黏土矿物和微观孔隙以及裂缝的紧密组合排列的影响。邓继新等（2004）通过相关试验得到，让试件产生各向异性的本质原因是其内部结构上的特征。由此可见，当层理角度为 0°时，试验过程中声波仪探头所发出的声波与层理面垂直，层理面限制了超声波的传播，所以波速不大；当层理角度为 90°时，测试过程中声波仪探头所发出的声波与层理面平行，所以波速变得较大；而当层理角度从 0°变化到 90°的过程中，这种限制作用逐渐减小，所以波速表现出逐渐变大的趋势。

　　将超声波测试所得的波速和动态参数随着层理角度的变化情况进行拟合，得到如图 2.27 中的拟合曲线，其中波速、动弹性模量和动体积模量全部用线性拟合，动泊松比、动剪切模量和动拉梅系数用二次多项式拟合，拟合的 R^2 值处于 0.8552～0.9939，可以看出拟合效果非常好。拟合到的方程，可以运用到通过声波测井数据的综合分析来对页岩气储层进行评价，用来预判储层岩石的层理角度，从而为页岩气开采过程中的钻井工艺设计以及水力压裂施工设计提供有价值的参考资料（杨征，2016）。

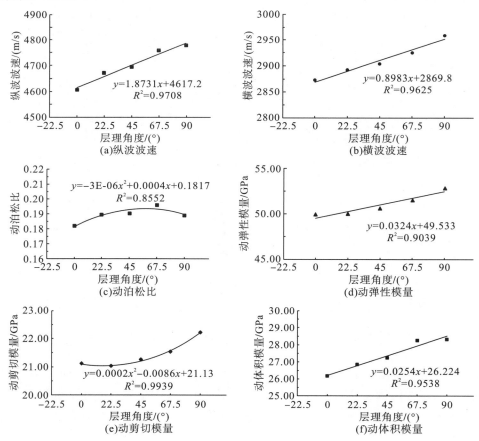

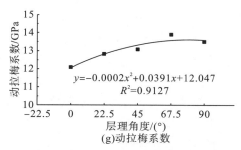

(g)动拉梅系数

图 2.27　页岩试样动态参数与层理角度关系拟合曲线

2.2.4　抗剪强度参数计算

由于岩石试样的峰值应力和围压之间具有一定的线性相关性，且黏聚力 c 与内摩擦角 φ 是主要抗剪强度参数，对于层理角度一样的页岩仍按常规均质类岩石的方法计算 c、φ，将 σ_3 当作自变量，σ_1 当作变量，根据相关方法得到回归方程 $\sigma_1 = b + m\sigma_3$，而常数 m、b 和 c、φ 的关系如式(2.14)所示(何柏等，2017)：

$$\begin{cases} \sin\varphi = (m-1)/(m+1) \\ c = b(1-\sin\varphi)/2\cos\varphi \end{cases} \tag{2.14}$$

根据单轴压缩和三轴压缩试验结果，联立公式(2.14)，可以求得不同层理角度页岩试样的黏聚力与内摩擦角，其计算结果如表 2.10 和图 2.28 所示。

表 2.10　不同层理角度下的内摩擦角和黏聚力

层理角度/(°)	φ/(°)	c/MPa
0	37.69	37.08
22.5	39.77	32.14
45	37.41	32.31
67.5	37.59	24.75
90	42.31	29.17

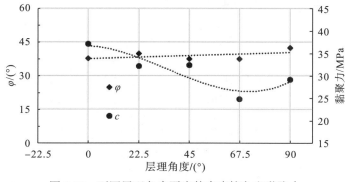

图 2.28　不同层理角度页岩的内摩擦角和黏聚力

对于层理角度为 67.5°的页岩，由于其破坏面基本沿着其试样的层理面滑动，因此我们可以认为层理角度为 67.5°的页岩计算所得到的 c,φ 值为页岩层理弱面的黏聚力和内摩擦角，而其他层理角度为页岩综合的黏聚力和内摩擦角。由图 2.28 可知，不同层理角度的页岩内摩擦角之间差异较小，为 40°±2.45°。当层理角度从 0°逐渐增加到 90°时，黏聚力呈先减小后增加的趋势，且差异较大。具体为层理角度为 0°时的黏聚力最大，其值为 37.08MPa，而层理角度为 67.5°时的黏聚力最小，其值为 24.75MPa，约为最大值的 66.8%。

2.2.5　各向异性材料参数计算

结合不同层理角度页岩试样的单轴压缩试验结果，可以求得页岩各向异性的五个独立材料参数，其中四个参数 E_1、E_2、v_1 和 v_2 都可以通过试验所得数据直接得到。

而 G_2 则需要通过以下公式计算才能得到 (沈观林，2006)：

$$\frac{1}{E_\theta}=\frac{\sin^4\theta}{E_1}+\frac{\cos^4\theta}{E_2}+\cos^2\theta\sin^2\theta\left(\frac{1}{G_2}-\frac{2v_2}{E_2}\right) \tag{2.15}$$

式中，E_θ 为层理方向与加载方向之间的夹角为 θ 时的弹性模量；E_1 为平行于横观各向同性面内的弹性模量；E_2 为垂直于横观各向同性面内的弹性模量；v_1 为平行于横观各向同性面内的岩石泊松比；v_2 为垂直于横观各向同性面方向的岩石泊松比；G_2 为垂直于层理面方向的剪切模量。

为了计算方便，首先令

$$\cos^2\theta=1-\sin^2\theta \tag{2.16}$$

将式 (2.16) 代入式 (2.15)，整理后可得

$$\frac{1}{E_\theta}=\left(\frac{1}{E_1}-\frac{1}{G_2}+\frac{1+2v_2}{E_2}\right)\sin^4\theta+\left(\frac{1}{G_2}-\frac{2(1+v_2)}{E_2}\right)\sin^2\theta+\frac{1}{E_2} \tag{2.17}$$

因此，可以把 $\frac{1}{E_\theta}$ 看成是 $\sin^2\theta$ 的函数，上式也就可以写成：

$$\frac{1}{E_\theta}=f(\sin^2\theta) \tag{2.18}$$

根据试验所得的结果，利用非线性二次拟合得到如图 2.29 所示的曲线，以及如式 (2.19) 所示的拟合公式，R^2 为 0.8761，说明拟合效果较好。

$$\frac{1}{E_\theta}=-0.0269\sin^4\theta+0.0235\sin^2\theta+0.0455 \tag{2.19}$$

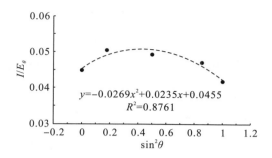

图 2.29　$1/E_\theta$ 与 $\sin^2\theta$ 的关系拟合曲线

结合式 (2.17) 和式 (2.19)，通过试验所得结果，可以计算出 G_2 的值为 7.24GPa。结合试验结果和计算可得，试验所用页岩试样的各向异性材料参数如表 2.11 所示。

表 2.11　页岩各向异性材料参数表

E_1/GPa	E_2/ GPa	ν_1	ν_2	G_2/ GPa
23.90	22.31	0.32	0.28	7.24

2.3　页岩的可压性评价

在实际水力压裂生产之前，考虑裂缝的扩展规律结合储层特点，以可压性评价作为基础，来设计压裂相关参数。结合全矿物含量分析和三轴压缩试验，进行可压性评价。

2.3.1　X 衍射全岩分析可压性

按照 X 衍射试验要求，取页岩试样进行研磨，分为 Y-1、Y-2、Y-3 三份进行试验。根据三个样品全岩分析结果，可以看出该地区的页岩矿物成分为黏土、石英、方解石和白云石四种，如表 2.12 所示，其中白云石含量最高，均值含量为41.33%，石英含量为 24.03%，黏土含量为 15.37%，方解石含量为 19.27%。

表 2.12　页岩试样全岩分析矿物含量　　　　　　　　　　　　　　（单位：%）

样品编号	黏土	石英	斜长石	方解石	白云石	黄铁矿
Y-1	16.40	23.60	0.00	18.90	41.10	0.00
Y-2	14.10	24.10	0.00	19.40	42.40	0.00
Y-3	15.60	24.40	0.00	19.50	40.50	0.00
平均含量	15.37	24.03	0.00	19.27	41.33	0.00

　　页岩的脆性矿物含量是表征页岩脆性系数,同时也是页岩水力压裂过程中判断缝网是否形成的重要指标,也是可压性评价的重要指标。石英是页岩中主要的脆性矿物,根据岩石矿物学中计算矿物脆性系数方法(Jarvie et al., 2007),来计算页岩试样中的脆性系数,即

$$BI = \frac{V_{SY}}{V_{SY} + V_T + V_N} \tag{2.20}$$

其中,BI 为脆性指数;V_{SY} 为石英含量;V_T 为碳酸盐含量;V_N 为黏土含量。

　　此页岩试样脆性指数为 24.03。白云石和方解石均会使页岩脆性增加,则页岩试样的脆性矿物含量为 84.63%。当脆性矿物含量高于 70% 时,则在破裂的过程中更容易形成复杂的缝网,因此在试样页岩层进行水力压裂时,可压性非常好,将会产生更多的水力裂缝。

2.3.2　页岩三轴压缩试验分析可压性

　　页岩三轴压缩试验可以测定页岩变形的各项重要参数,如三轴压缩强度、弹性模量、泊松比、变形模量等,这些参数往往决定着页岩水力裂缝的形成和扩展。

　　本试验采用的是 RTR-1000 型电子三轴试验系统,如图 2.30 所示。页岩试样采用高径比为 2,高为 50mm,直径为 25mm 的圆柱形体,分别编号为 SY-2-01、SY-2-02、SY-2-03,如表 2.13 所示。三轴试验的围压选为 35MPa。

图 2.30　页岩三轴压缩测试系统

表 2.13　页岩三轴压缩试样具体参数

试样编号	长度/mm	直径/mm	质量/g
SY-2-01	50.61	25.23	66.37
SY-2-02	51.31	25.12	66.70
SY-2-03	50.02	25.35	66.22

按照页岩三轴压缩试验规范进行试验，三块试样均破坏，各块试样破坏路径如图 2.31 所示。

(a)SY-02-01页岩破坏路径　　(b)SY-02-02页岩破坏路径　　(c)SY-02-03页岩破坏路径

图 2.31　页岩试样破坏路径

如图 2.31 所示，三块页岩试样均是发生轴向的破坏，且均有部分岩体崩出，可以看出三块试样发生的破坏形式是脆性剪切破坏，其应力-应变曲线图如图 2.32 所示。

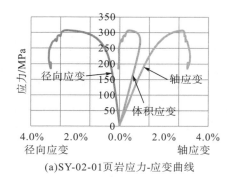

(a)SY-02-01页岩应力-应变曲线　　(b)SY-02-02页岩应力-应变曲线

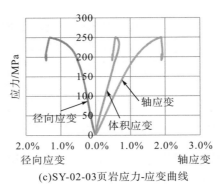

(c)SY-02-03页岩应力-应变曲线

图 2.32   三块页岩的应力-应变曲线图

页岩三轴压缩测试参数如表 2.14 所示。

表 2.14   页岩试样三轴压缩测试结果表

试样编号	围压/MPa	抗压强度/MPa	弹性模量/GPa	均值弹性模量/GPa	泊松比	均值泊松比
SY-02-01	35	380.533	22.579		0.306	
SY-02-02	35	345.894	20.073	20.665	0.357	0.352
SY-02-03	35	388.154	19.342		0.393	

水力压裂的裂缝形态与岩石的脆性指数有关，即通常状态下，页岩的脆性指数越高，压裂形成的裂缝越复杂，越容易形成压裂缝网，脆性指标计算公式如式(2.21)～式(2.23)所示：

$$BI_E = (E-1)/(8-1)\cdot100 \tag{2.21}$$

$$BI_V = (v-0.4)/(0.15-0.4)\cdot100 \tag{2.22}$$

$$BI = (BI_E + BI_V)/2 \tag{2.23}$$

式中，BI_E 为弹性模量对应的脆性指数分量；BI_V 为泊松比对应的脆性指数分量；BI 为综合脆性指数。

根据以上公式，结合三轴试验得出的弹性模量和泊松比，页岩试样的脆性指数如表 2.15 所示。

表 2.15   页岩试样脆性指数

试样编号	弹性模量/GPa	弹性模量脆性指数分量	泊松比	泊松比脆性指数分量	综合脆性指数
SY-02-01	22.579	308.271	0.306	37.6	172.935
SY-02-02	20.073	272.471	0.357	17.2	144.835
SY-02-03	19.342	262.028	0.393	2.8	132.414

　　从数据中可以发现，页岩脆性指数随弹性模量的增加而增加，随泊松比的增加而减小，即当试样具有较大弹性模量和较小的泊松比时，压裂过程中产生的裂缝较多。当综合脆性指数大于 50 时，试样的脆性高，在破裂的过程中更容易形成复杂的缝网。

第3章　岩石水力裂缝起裂准则
与微震释放机制

在进行水力压裂时，水力裂缝的起裂对于裂缝的形成和最终的展布形态具有重要的影响。因此水力裂缝的起裂准则一直被广泛关注（Schmitt et al.，2012；Guo et al.，2015；Islam et al.，2009）。进行水力压裂时，随着流体注入压力迅速升高，一旦到达或超过注入处岩石的强度时，就会产生水力裂缝，而此时的压力通常被定义为水力裂缝的起裂压力。

许多学者研究表明，在水力压裂过程中，裂缝尖端近场应力状态异常复杂（Maxwell，2014），如图3.1所示。在水力裂缝顶部形成张拉应力区，并且应力集中在裂缝端部，这使得裂缝更容易向外侧扩展。随着压裂液注入增多，裂缝内局部压力升高，压裂液通过裂缝壁滤失到岩石孔隙和天然裂缝内，使得岩体孔隙水压力增大，有效应力随之减小，围岩发生形变。围岩发生形变以容纳滤失的液体，形成压裂缝网。随着裂缝的扩展，裂缝侧面形成压缩应力区，裂缝端部形成张拉应力区，端部附近形成剪切应力区。

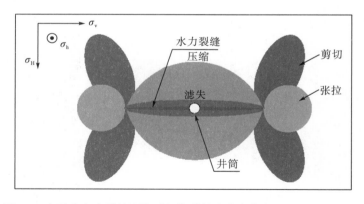

图 3.1　水平井水力裂缝膨胀引起的弹性应力变化图（Maxwell，2014）

在水力裂缝起裂过程中，随着注入压力的变化，岩石应力应变发生变化，导致岩石发生破坏产生裂缝。一般认为导致破坏的过程分为两类。第一类，当注入流体压力大于最小主应力时，岩体就会破坏产生水力裂缝。孔隙中流体压力大于岩石本身的抗拉强度时，形成张拉裂缝，即开始起裂。第二类，水力压裂过程中，压裂液的注入导致地层孔隙压力升高。周围岩石的有效应力降低，容易发生剪切破坏。

3.1 岩石水力裂缝起裂准则

3.1.1 张拉破坏准则

Hubbert 和 Willis 首先提出了在水力压裂起裂时所产生的裂缝为张拉裂缝，当传递到岩石上的环向拉应力大于岩石本身的抗拉强度时，岩石破坏并产生拉裂缝。垂直于竖向井筒产生纵向裂缝的起裂准则如下：

$$P_b = 3\sigma_h - \sigma_H + \sigma_t - p_0 \tag{3.1}$$

式中，P_b 为起裂压力；σ_h 为水平最小主应力；σ_H 为水平最大主应力；σ_t 为岩石的抗拉强度；p_0 为孔隙压力。

水力裂缝起裂与水平最大主应力、水平最小主应力、岩石本身的抗拉强度和有效孔隙压力有关，但该理论忽略了对起裂有影响的参数，如岩石本身的弹性模量、岩石孔隙比以及井筒等。Haimson 等(1969)通过实验证实了在水力压裂中，岩石孔隙介质会影响水力裂缝起裂。由此考虑孔隙介质的因素，完善了起裂准则，即式(3.1)被改写成：

$$P_b = \frac{3\sigma_h - \sigma_H + \sigma_t - 2\eta p_0}{2(1-\eta)} \tag{3.2}$$

式中，η 为孔隙弹性常数，该参数反映压裂液滤失所引起的应力大小。

随后，综合考虑到 Terzaghi 的有效应力理论不适用于低孔隙度的模型，Schmidt 等(1989)又对准则进行修改，修正了张拉破坏时的有效应力的表达式，即：$\sigma' = \sigma - \beta p_0$，其中 $0 \leqslant \beta \leqslant 1$。则式(3.2)完善为式(3.3)：

$$P_b = \frac{3\sigma_h - \sigma_H + \sigma_t - 2\eta p_0}{1 + \beta - 2\eta} \tag{3.3}$$

式(3.1)～式(3.3)的建立都是基于线弹性假设，是当传递到岩石上的环向拉应力大于岩体本身的有效抗拉强度条件下发生水力裂缝的起裂。根据郭建春等(2015)的理论，在水力裂缝起裂之前围岩沿井筒径向会发生一定的塑性变形，因此水力压裂岩石模型可划分为弹性区和塑性区。如图 3.2 所示，r_w 为井筒半径，ρ_w 为注入液体压力，R_s 为塑性区圈层。

根据弹性区和塑性区的应力分布，发现井筒围岩发生了塑性变形，使得原本应力集中的区域减小了，从而导致围岩周围拉应力减小，起裂压力滞后，这就使实际的裂缝起裂压力要大于线弹性理论值。

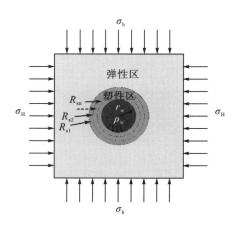

图 3.2　井筒周围弹塑性区示意图(郭建春等，2015)

3.1.2　剪切破坏准则

莫尔-库仑准则是基于连续介质理论判断岩石在流体孔隙压力作用下发生剪切破坏的临界宏观判据，达到极限剪应力时岩石发生破坏。基于该准则的应力模式假设，当岩石发生剪切破坏时，地应力状态可以确定，如图 3.3 所示，图中 σ_1 为最大主应力，σ_2 为中间主应力，σ_3 为最小主应力，σ_v 为垂直主应力。裂缝方位是由岩体断层等软弱结构面控制的，以最小主应力方向为基准。在正断层区域，裂缝应近似垂直缝，在逆断层区域，裂缝应近似水平缝(Thiercelin et al.，2000)。水力压裂裂缝的扩展方向跟地应力状态有关，所以储层的地应力状态至关重要。

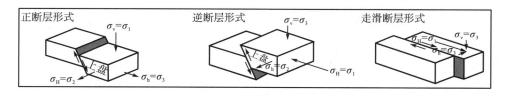

图 3.3　三种断层破坏模式应力分布示意图

如图 3.4 所示，正断层应力状态过程表现为垂直主应力为最大主应力时，水平主应力逐渐减小，直至达到岩层的抗剪强度时，出现剪切破坏。逆断层应力状态过程表现为垂直主应力为最小主应力时，水平主应力逐渐增大，直至达到岩层的抗剪强度时，出现剪切破坏。在准静态假设下，莫尔圆分析有助于分析预期发生的破裂结构类型，并不描述裂缝扩展中的动态特征，而微地震是由于压裂液注入过程中应力应变的动态变化诱发的。

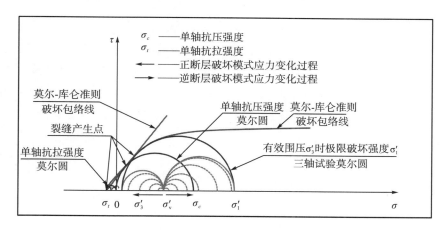

图 3.4　莫尔-库仑强度准则示意图

储层中的孔隙流体承受总应力中部分应力，孔隙流体扮演着重要角色。水力压裂过程，大量流体进入岩石孔隙中导致孔隙压力升高。1923 年，Terzaghi 提出有效应力原理，并给出下列关系式(李世愚等，2016)：

$$\sigma'_{ij} = \sigma_{ij} - p_0 \delta_{ij} \tag{3.4}$$

式中，δ_{ij} 为 Knonecker 符号。

当孔隙压力为 p_0 时，按照定义可得

$$\sigma'_1 = \sigma_1 - p_0, \quad \sigma'_2 = \sigma_2 - p_0, \quad \sigma'_3 = \sigma_3 - p_0 \tag{3.5}$$

如图 3.5 所示 I 为无孔隙压力的莫尔圆，II 为孔隙压力为 p_0 时的莫尔圆，孔隙压力增加使有效应力减小，莫尔圆向左移动，正法线与破裂曲线相交时，发生剪切破裂。如果最大和最小主应力相差较小，莫尔圆很小，岩石就可能产生拉伸破裂或拉伸-剪切混合破裂。当孔隙压力大于最小主应力时，有效主应力变为负值，代表岩石受拉力，如果大于岩石抗拉强度时，发生张拉破坏。最大主应力和最小主应力可以确定岩石的破坏强度，既是该准则的优点，也是缺点。莫尔-库仑准则为

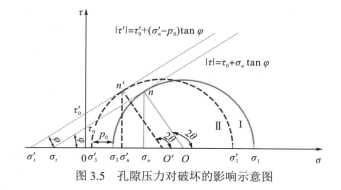

图 3.5　孔隙压力对破坏的影响示意图

$$|\tau'| = \tau'_0 + (\sigma'_n - p_0)\tan\varphi \qquad (3.6)$$

式中，σ'_n 为剪切面受到的有效法向应力，MPa；τ'_0 为岩石有效固有抗剪强度，或称内聚力和黏聚力，若沿弱质结构面（天然裂缝），则为 0，MPa；φ 为岩石剪切面上内摩擦角，$(°)$；τ' 为岩石所受的有效切应力，MPa。

根据静力平衡和几何关系可得

$$\begin{cases} \sigma' = \dfrac{1}{2}(\sigma_1 + \sigma_3 - 2p_0) + \dfrac{1}{2}(\sigma_1 - \sigma_3)\cos 2\theta \\ \tau' = \dfrac{1}{2}(\sigma_1 - \sigma_3)\sin 2\theta \end{cases} \qquad (3.7)$$

式中，θ 为剪切面与最小主应力的夹角，$\theta = \dfrac{\pi}{4} + \dfrac{\varphi}{2}$，$(°)$；

联立公式(3.6)和公式(3.7)，莫尔-库仑准则可以写成：

$$\begin{cases} \tau \geqslant \tau_0 + \dfrac{1}{2}(\sigma_1 + \sigma_3 - 2p_0)\tan\varphi + \dfrac{1}{2}(\sigma_1 - \sigma_3)\cos 2\theta \tan\varphi \\ \tau = \dfrac{1}{2}(\sigma_1 - \sigma_3)\sin 2\theta \end{cases} \qquad (3.8)$$

根据剪切破坏条件可以推导出剪切破坏的条件为

$$\sigma_1 \geqslant \sigma_3 \frac{1+\sin\varphi}{1-\sin\varphi} + \frac{2\tau_0\cos\varphi}{1-\sin\varphi} - \frac{2p_0\sin\varphi}{1-\sin\varphi} \qquad (3.9)$$

根据张拉破坏条件可以推导出张性破坏的条件为

$$\sigma_1 \leqslant -\sigma_3 \frac{1-\cos 2\theta}{1+\cos 2\theta} + \frac{2(p_0 - \sigma_t)}{1+\cos 2\theta} \qquad (3.10)$$

3.1.3 断裂力学准则

断裂力学准则基于宏观或微观连续介质判断含有缺陷模型下裂缝的失稳开裂、扩展导致岩石破裂。断裂力学将介质中的裂缝断裂分为三种基本形式(图3.6)：I 型(张开型)、II 型(滑开型)及 III 型(撕开型)，通过叠加不同的裂缝断裂模式可以叠加成不同破坏形式下的应力状态，应力强度因子表示裂缝尖端的应力状态，达到临界值时裂缝发生失稳扩展(Irwin，1997)。临界强度因子 K_{IC}(断裂韧性)由实验室进行测量，断裂韧性是材料抗脆性破坏的韧性参数，该参数是材料的固有属性，是度量材料韧性的一个定量指标。如图 3.7 所示，压裂液不能完全到达裂缝尖端，增加了表观断裂韧性和尖端压力，水力压裂过程中裂缝的端部效应不可忽略，仅考虑莫尔-库仑准则会出现一定的误差，所以必须考虑裂缝的尖端效应。

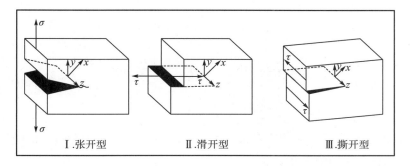

图 3.6　裂缝的三种基本形式

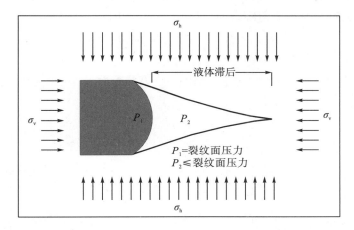

图 3.7　水力压裂的裂缝端部(液体滞后)(引 Thiercelin et al.，2000)

在裂缝尖端附近的应力可由下式表达：

$$\sigma_{ij} = \frac{K}{\sqrt{2r\pi}} f(\theta) \tag{3.11}$$

式中，r 为某点距裂缝尖端的距离，m；K 为裂缝尖端的应力强度因子，$K = \sigma\sqrt{\pi a}$，MPa·m$^{1/2}$；a 为裂缝半长度，m；$f(\theta)$ 为裂缝尖端极坐标系中 θ 相关的函数。

水力压裂被认为主要是一个拉伸过程(Maxwell，2014)，仅考虑围压和水压共同作用下 I 型破坏模式。Irwin 发现应力集中可以简化为

$$K_{\mathrm{I}} = \sqrt{\pi a}\, p_{\mathrm{net}} \tag{3.12}$$

式中，p_{net} 为使裂缝张开的净内压，$p_{\mathrm{net}} = p_w - \sigma_{\min}$，MPa；$\sigma_{\min}$ 为最小地应力，或称裂缝闭合应力，MPa。

如图 3.8 所示，围压荷载下二维张性裂缝的附近区域应力分布为(丁遂栋等，1997；李世愚，2010)：

$$\begin{cases} \sigma_{xx} = \dfrac{K_{\mathrm{I}}}{\sqrt{2\pi r}} \cos\dfrac{\theta}{2}\left(1 - \sin\dfrac{\theta}{2}\sin\dfrac{3\theta}{2}\right) + o\left(r^{-1/2}\right) \\[2mm] \sigma_{yy} = \dfrac{K_{\mathrm{I}}}{\sqrt{2\pi r}} \cos\dfrac{\theta}{2}\left(1 + \sin\dfrac{\theta}{2}\sin\dfrac{3\theta}{2}\right) + o\left(r^{-1/2}\right) \\[2mm] \tau_{xy} = \dfrac{K_{\mathrm{I}}}{\sqrt{2\pi r}} \cos\dfrac{\theta}{2}\sin\dfrac{\theta}{2}\sin\dfrac{3\theta}{2} \end{cases} \tag{3.13}$$

式中，K_{I} 为 I 型裂缝尖端的应力强度因子，MPa·m$^{1/2}$；θ 为极坐标系中裂缝尖端任一点水平向与 x 轴的夹角，（°）。

根据图 3.9 的水力压裂条件，采用叠加法和伪力法，考虑孔隙水压力情况下裂缝面上的法向应力和剪切应力为（Zhang et al.，2018；刘玮丰，2017）：

$$\begin{cases} P = (\sigma_1 - p_0)\sin^2\beta + (\sigma_3 - p_0)\cos^2\beta \\[2mm] Q = (\sigma_3 - \sigma_1)\sin\beta\cos\beta \end{cases} \tag{3-14}$$

式中，P 为裂缝面上作用的法向力，MPa；Q 为裂缝面上作用的切向力，MPa；β 为裂缝与竖直压应力方向夹角，（°）。

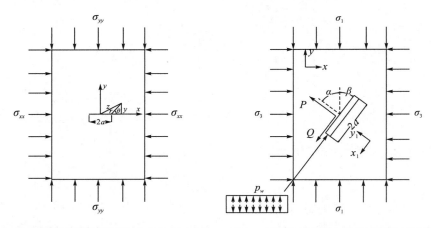

图 3.8　围压荷载下裂缝附近应力分布示意图　　图 3.9　围压和水压力共同作用下的斜裂缝

以 x_1-y_1 为坐标系，由公式（3.12）可得应力强度因子为

$$\begin{cases} K_{\mathrm{I}} = \dfrac{p_w - P}{\sqrt{\pi a}} \int_{-a}^{a} \sqrt{\dfrac{a+x}{a-x}}\,\mathrm{d}x \\[3mm] K_{\mathrm{II}} = \dfrac{Q}{\sqrt{\pi a}} \int_{-a}^{a} \sqrt{\dfrac{a+x}{a-x}}\,\mathrm{d}x \end{cases} \tag{3.15}$$

化简得

$$\begin{cases} K_{\mathrm{I}} = \sqrt{\pi a}\left[p_w - (\sigma_1 - p_0)\sin^2\beta - (\sigma_3 - p_0)\cos^2\beta \right] \\ K_{\mathrm{II}} = \sqrt{\pi a}\left[(\sigma_1 - \sigma_3)\sin\beta\cos\beta \right] \end{cases} \tag{3.16}$$

则裂缝起裂扩展的条件如下式：

$$\sqrt{\pi a}\left[p_w - (\sigma_1 - p_0)\sin^2\beta - (\sigma_3 - p_0)\cos^2\beta \right] \geqslant K_{\mathrm{IC}} \tag{3.17}$$

3.2　岩石水力裂缝扩展形态

地质、力学和工程因素等条件的变化影响着水力压裂裂缝的几何结构。地质因素方面，储层脆性弹性特征值越高，越易形成脆性破裂，天然裂缝发育，有利于监测微地震信号。地质力学方面，水平应力差越小，形成的水力裂缝形态越复杂。工程因素方面，施工净压力越高，压裂液黏度越低，压裂规模越大，越有利于形成充分扩展的压裂缝网。水力压裂裂缝的重要研究不仅有裂缝如何破裂，还要判断裂缝的扩展方向。线弹性断裂力学中主要有应力场参数法和能量法，这两种主要方法是根据材料的某一特定参数进行判定，本书中将高阶小量 $0\left(r^{-1/2}\right)$ 略去不写。

3.2.1　最大周向应力理论

复合型裂缝在最大周向应力到达临界值时开始扩展，沿周向应力最大值的方向开始扩展。在 I-II 复合型裂缝，且 $K_{\mathrm{III}} = 0$ 的情况下，裂缝尖端前缘极坐标下的应力场为

$$\begin{cases} \sigma_{rr} = \dfrac{1}{2\sqrt{2\pi r}}\left[K_{\mathrm{I}}(3 - \cos\theta)\cos\dfrac{\theta}{2} + K_{\mathrm{II}}(3\cos\theta - 1)\sin\dfrac{\theta}{2} \right] \\[2mm] \sigma_{\theta\theta} = \dfrac{1}{2\sqrt{2\pi r}}\cos\dfrac{\theta}{2}\left[K_{\mathrm{I}}(1 + \cos\theta) - 3K_{\mathrm{II}}\sin\theta \right] \\[2mm] \tau_{r\theta} = \dfrac{1}{2\sqrt{2\pi r}}\cos\dfrac{\theta}{2}\left[K_{\mathrm{I}}\sin\theta + K_{\mathrm{II}}(3\cos\theta - 1) \right] \end{cases} \tag{3.18}$$

裂缝径向应力 $\sigma_{\theta\theta}$ 达到一定的临界值时，裂缝起裂，并且沿着 $\sigma_{\theta\theta}$ 对应的扩展角 θ 可以从下式计算得到：

$$\frac{\partial \sigma_{\theta\theta}}{\partial \theta} = 0 \ , \ \frac{\partial^2 \sigma_{\theta\theta}}{\partial \theta^2} < 0 \tag{3.19}$$

3.2.2　应变能密度因子理论

该理论计算过程简单，应用范围广泛，在解决复杂裂缝扩展问题上显示出很

大的优势。对于线弹性体，受力后会发生应力应变的变化。材料变形过程中会产生应变能，单位体积内应变的应变能密度 W 可表示为

$$W = \frac{1}{2E}\left(\sigma_x^2 + \sigma_y^2 + \sigma_z^2\right) - \frac{v}{E}\left(\sigma_x\sigma_y + \sigma_y\sigma_z + \sigma_z\sigma_x\right) + \frac{1}{2G}\left(\tau_{xy}^2 + \tau_{yz}^2 + \tau_{zx}^2\right) \quad (3.20)$$

式中，G 为剪切模量，$G = \dfrac{E}{2(1+v)}$，MPa。

对于复合型裂缝，裂缝尖端附近区域的应力场可表示为

$$\begin{cases} \sigma_{xx} = \dfrac{1}{\sqrt{2\pi r}}\left[K_{\mathrm{I}}\cos\dfrac{\theta}{2}\left(1 - \sin\dfrac{\theta}{2}\sin\dfrac{3\theta}{2}\right) - K_{\mathrm{II}}\sin\dfrac{\theta}{2}\left(2 + \cos\dfrac{\theta}{2}\cos\dfrac{3\theta}{2}\right)\right] \\[2mm] \sigma_{yy} = \dfrac{1}{\sqrt{2\pi r}}\left[K_{\mathrm{I}}\cos\dfrac{\theta}{2}\left(1 + \sin\dfrac{\theta}{2}\sin\dfrac{3\theta}{2}\right) + K_{\mathrm{II}}\sin\dfrac{\theta}{2}\cos\dfrac{\theta}{2}\cos\dfrac{3\theta}{2}\right] \\[2mm] \sigma_{zz} = \begin{cases} 0 & (\text{平面应力}) \\[2mm] \dfrac{2v}{\sqrt{2\pi r}}\left(K_{\mathrm{I}}\cos\dfrac{\theta}{2} - K_{\mathrm{II}}\sin\dfrac{\theta}{2}\right) & (\text{平面应变}) \end{cases} \\[2mm] \tau_{xy} = \dfrac{1}{\sqrt{2\pi r}}\left[K_{\mathrm{I}}\cos\dfrac{\theta}{2}\sin\dfrac{\theta}{2}\cos\dfrac{3\theta}{2} + K_{\mathrm{II}}\cos\dfrac{\theta}{2}\left(1 - \sin\dfrac{\theta}{2}\sin\dfrac{3\theta}{2}\right)\right] \\[2mm] \tau_{yz} = \dfrac{K_{\mathrm{III}}}{\sqrt{2\pi r}}\cos\dfrac{\theta}{2} \\[2mm] \tau_{xz} = -\dfrac{K_{\mathrm{III}}}{\sqrt{2\pi r}}\sin\dfrac{\theta}{2} \end{cases} \quad (3.21)$$

将式 (3.21) 代入式 (3.20)，I - II - III 型复合裂缝应变能密度 W 为

$$W = \frac{1}{r}\left(a_{11}K_{\mathrm{I}}^2 + 2a_{12}K_{\mathrm{I}}K_{\mathrm{II}} + a_{22}K_{\mathrm{II}}^2 + a_{33}K_{\mathrm{III}}^2\right) \quad (3.22)$$

式中，

$$\begin{cases} a_{11} = \dfrac{1+v}{8\pi E}\left[(3 - 4v - \cos\theta)(1 + \cos\theta)\right] \\[2mm] a_{12} = \dfrac{1+v}{8\pi E}\left[2\sin\theta(\cos\theta - 1 + 2v)\right] \\[2mm] a_{22} = \dfrac{1+v}{8\pi E}\left[4(1 - \cos\theta)(1 - v) + (1 + \cos\theta)(3\cos\theta - 1)\right] \\[2mm] a_{33} = \dfrac{1+v}{2\pi E} \end{cases} \quad (3.23)$$

令 S 为应变能密度因子：

$$S = a_{11}K_{\mathrm{I}}^2 + 2a_{12}K_{\mathrm{I}}K_{\mathrm{II}} + a_{22}K_{\mathrm{II}}^2 + a_{33}K_{\mathrm{III}}^2 \quad (3.24)$$

基于局部应变能密度方法，裂缝起裂及扩展角度的判据为：①裂缝的扩展是 $S_{\min}$ 达到了材料相应的临界值 S_c 时发生的，即 $S_{\min} = S_c$。②裂缝沿着 $S = S_{\min}$ 的方

向开始扩展，扩展角 θ 可以从下式计算得到，即

$$\frac{\partial S}{\partial \theta} = 0 , \quad \frac{\partial^2 S}{\partial \theta^2} > 0 \tag{3.25}$$

3.2.3　最大能量释放率理论

任意复合型裂缝类型，利用能量释放率 G_0 作为断裂判据，即

$$G_0 \geqslant G_c \tag{3.26}$$

对于各向同性线弹性材料，应力强度因子和应变能释放率有关：

$$\begin{cases} G_c = \dfrac{1-v^2}{E} K_{\mathrm{I}}^2 + \dfrac{1-v^2}{E} K_{\mathrm{II}}^2 + \dfrac{1+v}{E} K_{\mathrm{III}}^2 & \text{（平面应变）} \\[3mm] G_c = \dfrac{1}{E} K_{\mathrm{I}}^2 + \dfrac{1}{E} K_{\mathrm{II}}^2 + \dfrac{1+v}{E} K_{\mathrm{III}}^2 & \text{（平面应力）} \end{cases} \tag{3.27}$$

相关学者普遍认为，随着能量释放率达到一定的临界值时裂缝起裂，并沿着最大能量释放率方向扩展。物理上考虑，能量释放率是容易被接受的，但是如何解释试验观察到的破裂路径比较困难。

3.3　岩石水力裂缝扩展的微震机制

微地震震源机制是指微震发生的物理力学过程，是微震监测的基础和前提，可以深入分析发震的内外在诱因、岩石断裂机理和应力释放模式等。水力压裂过程中微地震释放的弹性波是地质形变、力学形变的相关表达，分析微震信号的特征是对微地震产生相对裂缝形变特征的描述，是反演微地震的震源相关参数的基础和前提。微地震信号的振幅特性与微地震事件的震源强度、能量或震级有关，微地震信号的频率可能与滑动持续时间、应力释放或能量输出等有关。可以根据破裂产生信号的特征，如相对振幅方向性、辐射花样和初动等研究微地震震源机制，从而获得裂缝的破裂模式(拉张或剪切)、裂缝面方位和主应力变化等。微地震主要应用于高地应力下岩石破裂机理的研究，而水力压裂过程中微地震监测技术主要是对微震事件的时空特征和裂缝的几何形态进行描述，近年多对微地震的震源形变(微震机制)的特征描述。

3.3.1　震源模型及震源位移

1. 微地震中的基本波

岩石破裂会引起地层各个方向不同的位移变化，假定破裂点为质点，该质

点振动导致周围介质振动，质点的运动速度为 $v = \dfrac{\partial u}{\partial t}$。弹性体受力发生振动，该振动表现在介质中传播的过程称为波动，这种波称为弹性波，波速表现为 $c = \nabla u$。波速是材料的固有属性，由介质的物质组成、密度、泊松比和弹性模量决定。

振动状态是由位移矢量 u 所决定的（孙成禹等，2011），即波动方程为

$$(\lambda + \mu)\nabla(\nabla \cdot u) - \mu\nabla^2 u + \rho F = \rho\frac{\partial^2 u}{\partial t^2} \tag{3.28}$$

式中，λ 为拉梅系数，$\lambda = \dfrac{Ev}{(1+v)(1-2v)}$；$\mu$ 为剪切模量，$\mu = \dfrac{E}{2(1+v)}$，MPa；∇u 为 u 的梯度，在直角坐标系下，$\nabla u = \mathrm{grad}\, u = \left(\dfrac{\partial u}{\partial x}, \dfrac{\partial u}{\partial y}, \dfrac{\partial u}{\partial z}\right)$；$\nabla \cdot u$ 为 u 的散度，在直角坐标系下，$\nabla \cdot u = \mathrm{div}\, u = \dfrac{\partial u}{\partial x} + \dfrac{\partial u}{\partial y} + \dfrac{\partial u}{\partial z}$；$\nabla^2 u$ 为 u 的拉氏算子，在直角坐标系下，$\nabla^2 u = \dfrac{\partial^2 u}{\partial x^2} + \dfrac{\partial^2 u}{\partial y^2} + \dfrac{\partial^2 u}{\partial z^2}$；$F$ 为体力，$F(x,y,z)$。

弹性波可以分解为胀缩特征的纵波和旋转特征的横波，即

$$u = u_\mathrm{P} + u_\mathrm{S} = \mathrm{grad}\,\varphi + \mathrm{rot}\,\bar{\psi} = \nabla\varphi + \nabla \times \bar{\psi} \tag{3.29}$$

式中，u_P 为标量位的梯度，旋度为 0，称为无旋场，$\mathrm{rot}(u_\mathrm{P}) = 0$；$u_\mathrm{S}$ 为矢量位的旋度，散度为 0，称为无散场，$\mathrm{div}(u_\mathrm{S}) = 0$；$\nabla \times \bar{\psi}$ 为 $\bar{\psi}$ 的旋度，在直角坐标系下，

$$\nabla \times \bar{\psi} = \begin{vmatrix} i & j & k \\ \dfrac{\partial}{\partial x} & \dfrac{\partial}{\partial y} & \dfrac{\partial}{\partial z} \\ \bar{\psi}_x & \bar{\psi}_y & \bar{\psi}_z \end{vmatrix} = \left(\dfrac{\partial\bar{\psi}_z}{\partial y} - \dfrac{\partial\bar{\psi}_y}{\partial z}\right)i + \left(\dfrac{\partial\bar{\psi}_x}{\partial z} - \dfrac{\partial\bar{\psi}_z}{\partial x}\right)j + \left(\dfrac{\partial\bar{\psi}_y}{\partial x} - \dfrac{\partial\bar{\psi}_x}{\partial y}\right)k \tag{3.30}$$

化简可得

$$\begin{cases} \nabla^2\varphi = \dfrac{1}{\alpha^2}\dfrac{\partial^2\varphi}{\partial t^2} & \text{称为无旋场、胀缩波、体变波、纵波、P波的波动方程} \\[2mm] \nabla^2\bar{\psi} = \dfrac{1}{\beta^2}\dfrac{\partial^2\bar{\psi}}{\partial t^2} & \text{称为无散场、剪切波、旋转波、横波、S波的波动方程} \end{cases} \tag{3.31}$$

式中，α 为纵波波速，$\alpha = \sqrt{\dfrac{\lambda + 2\mu}{\rho}}$，m/s；$\beta$ 为横波波速，$\beta = \sqrt{\dfrac{\mu}{\rho}}$，m/s。

对于纵横波速度比：$\eta = \dfrac{\alpha}{\beta} = \sqrt{\dfrac{\lambda + 2\mu}{\mu}} = \sqrt{\dfrac{2(1-v)}{1-2v}} > 1$，纵波波速大于横波波速，对于泊松比约为 0.21 的页岩储层，$\eta = 1.65$。

2. 水力压裂中的震源模型

水力压裂中假定震源模型为点源双力偶模型，本书中水力压裂震源模型采用拉伸-双力偶点源模型，相比非点源模型(有限移动和位错震源)更加符合水力压裂的特征，如图 3.10 所示。

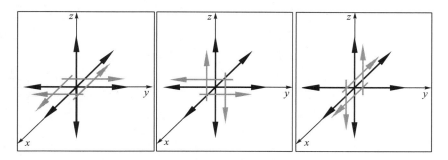

图 3.10　三种水力压裂拉伸-双力偶模型

在均匀、各向同性、无限介质中任意一点的位移为

$$u_n(x,t) = M_{pq} \cdot G_{np,q} \tag{3.32}$$

式中，M_{pq} 为矩张量分量，有 9 个二阶矩张量分量；$G_{np,q}$ 为弹性动力格林函数，又称点源影响函数，代表一个点源在一定边界条件下和初始条件下所产生的位移场，根据叠加的方法可以计算任一点源的位移场。

根据无限、均匀介质中的双力偶的位移场计算相关参数以及位置关系，如图 3.11 所示。

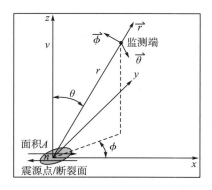

图 3.11　选取的笛卡儿坐标和球坐标系统

使断层/震源点位于 x-y 平面内，以震源中心为原点，球坐标系为 (r,θ,ϕ)，单位矢量 $\vec{r},\vec{\theta},\vec{\phi}$ 分别沿着 r,θ,ϕ 方向增大，径向沿着 $\vec{r}$ 方向，横向沿着 $\vec{\theta},\vec{\phi}$ 两个方向。位移场 u_n 为（Aki et al.，1980）：

$$
\begin{aligned}
u(x,t) = &\underbrace{\frac{1}{4\pi\rho}A^{N}\frac{1}{r^4}\int_{r/\alpha}^{r/\beta}\tau M_0(t-\tau)\mathrm{d}\tau}_{\text{近场项}} + \underbrace{\frac{1}{4\pi\rho\alpha^2}A^{IP}\frac{1}{r^2}M_0\left(t-\frac{r}{\alpha}\right)}_{\text{中间场P波}} \\
&+ \underbrace{\frac{1}{4\pi\rho\beta^2}A^{IS}\frac{1}{r^2}M_0\left(t-\frac{r}{\beta}\right)}_{\text{中间场S波}} + \underbrace{\frac{1}{4\pi\rho\alpha^3}A^{FP}\frac{1}{r}\dot{M}_0\left(t-\frac{r}{\alpha}\right)}_{\text{远场P波}} \\
&+ \underbrace{\frac{1}{4\pi\rho\beta^3}A^{FS}\frac{1}{r}\dot{M}_0\left(t-\frac{r}{\beta}\right)}_{\text{远场S波}}
\end{aligned}
\tag{3.33}
$$

式中，ρ 为材料介质密度，$\mathrm{kg/m^3}$；r 为监测段距离震源端的距离，m；$\dot{M}_0$ 为双力偶中一个力偶强度的时间倒数；τ 为特定单位脉冲的时间，规定了单位脉冲的时间，即震源点发生位移的相对时间，s。

单位矢量 $\vec{r},\vec{\theta},\vec{\phi}$ 根据极坐标变换可得

$$
\begin{cases}
\vec{r} = (\sin\theta\cos\phi, \sin\theta\sin\phi, \cos\theta) \\
\vec{\theta} = (\cos\theta\cos\phi, \cos\theta\sin\phi, -\sin\theta) \\
\vec{\phi} = (-\sin\phi, \cos\phi, 0)
\end{cases}
\tag{3.34}
$$

近场、中间场的 P 波和 S 波，以及远场的 P 波和 S 波的辐射图像分别为

$$
\begin{cases}
A^{N} = 9\sin 2\theta\cos\phi\vec{r} - 6\left(\cos 2\theta\cos\phi\vec{\theta} - \cos\theta\sin\phi\vec{\phi}\right) & \text{近场辐射图案} \\
A^{IP} = 4\sin 2\theta\cos\phi\vec{r} - 2\left(\cos 2\theta\cos\phi\vec{\theta} - \cos\theta\sin\phi\vec{\phi}\right) & \text{中间场P波辐射图案} \\
A^{IS} = -3\sin 2\theta\cos\phi\vec{r} + 3\left(\cos 2\theta\cos\phi\vec{\theta} - \cos\theta\sin\phi\vec{\phi}\right) & \text{中间场S波辐射图案} \\
A^{FP} = \sin 2\theta\cos\phi\vec{r} & \text{远场P波辐射图案} \\
A^{FS} = \cos 2\theta\cos\phi\vec{\theta} - \cos\theta\sin\phi\vec{\phi} & \text{远场S波辐射图案}
\end{cases}
\tag{3.35}
$$

由于检波器一般距离震源点较远，只考虑远场波，忽略较小值 $\left(\dfrac{1}{r^2}\text{和}\dfrac{1}{r^4}\right)$ 的影响，近场和中间场位移都包含径向位移和横向分量。不考虑近场和中间场，可以得到远场 P 波和 S 波的辐射图案，如图 3.12 和图 3.13 所示。

图 3.12 显示的是双力偶产生的径向位移的辐射图案，花瓣为点的轨迹，可以明显看出纵波的主方向是沿着 y-z 平面传播的。图 3.13 显示的是双力偶产生的横向位移的辐射图案，可以明显看出横波的主方向是沿着 x-y 平面传播的。

在平面 $(\phi=0,\phi=\pi)$ 上的辐射图如图 3.14 所示。

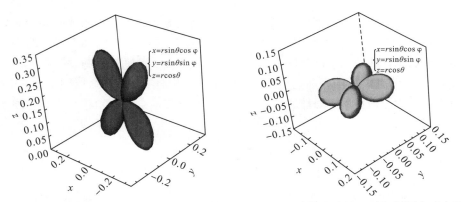

图 3.12　双力偶产生的 P 波辐射图案示意图　图 3.13　双力偶产生的 S 波辐射图案示意图

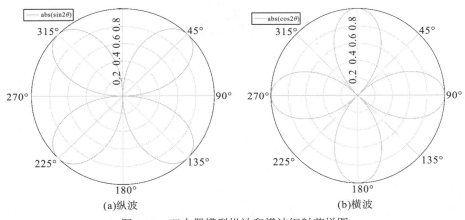

(a)纵波　　　　　　　　　　　　　　　　(b)横波

图 3.14　双力偶模型纵波和横波辐射花样图

如图 3.14 所示，纵波振幅最大在 $\theta=\pm\dfrac{\pi}{4},\pm\dfrac{3\pi}{4}$，$\left|\dfrac{u_r}{u_s}\right|\to\infty$。横波相当于纵波旋转了 $\dfrac{\pi}{4}$，振幅最大在 $\theta=0,\pm\dfrac{\pi}{2},\pm\pi$，$\left|\dfrac{u_r}{u_s}\right|=0$。

3.3.2　震源机制分析方法及表征

岩石震源机制的分析及表征方法主要有以下几种。

1. P 波(纵波)信息反演

岩石破裂瞬间会在内部各个方向上引起不同的位移变化，理想流体中不存在横波，纵波速度大于横波速度，纵波的初动是一个重要的分析手段。初动是指最初的 P 波到达地面，由于不需要考虑振幅效应，P 波初动一直用来确定双力偶震源。初动方向向上表示推力、压缩或离源。初动方向向下表示拉力、膨胀或向源。采用沙滩球图形进行表示，震源机制解的下半球等面积赤平投影，P 波初动向上的压缩区域用黑色表示，P 波初动向下的膨胀区域用白色表示。N 轴位于断层面和辅助面的交线上，与 P 轴和 T 轴分别垂直，与中间主应力相对应。P 轴是压缩象限的中心，与最大主应力相对应。T 轴是最扩张象限的中心，与最小主应力相对应。如图 3.15所示。

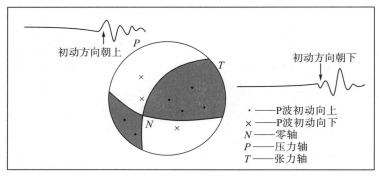

图 3.15　P 波初动绘制沙滩球示意图

Zang 等(1998)通过花岗岩压缩试验，提出利用传感器接收的 P 波初动的幅值极性的平均值表示单个事件的破坏机制，幅值极性表达式为

$$\text{pol} = \frac{1}{k}\sum_{i=1}^{k}\text{sign}(A_i) \tag{3.36}$$

式中，k 表示传感器个数；A_i 表示第 i 个传感器的 P 波初动幅值。

sign 为符号函数，即

$$\text{sign}(A) = \begin{cases} 1, & A>0 \\ 0, & A=0 \\ -1, & A<0 \end{cases} \tag{3.37}$$

pol 值被用于区分事件的破坏类型，当 $-1 \leqslant \text{pol} < -0.25$ 时，为张拉型破坏；当 $-0.25 \leqslant \text{pol} \leqslant 0.25$ 时，为剪切型破坏；当 $0.25 < \text{pol} \leqslant 1$ 时，为压缩型破坏。

使用纵波初动绘制沙滩球要求有足够的采样来精确定义初动象限，从而确定破裂方位。水力压裂微震震源机制一般由于采用的是双力偶模型，与地震学采用的等效位错理论有一定的区别，该方法的震源球很难判断出裂缝的走向、倾向以及倾斜方向和裂缝产生的类型，并且实验室内由于探头较少，很难得出准确的结论。

室内声发射监测可以根据接收到信号的探头中膨胀型初动(P 波初动向下)所占的比例 λ 来判断该点破裂的类型：$\lambda < 30\%$，为压缩事件；$30\% \leqslant \lambda \leqslant 70\%$，为剪切事件；$\lambda > 70\%$，为张性事件(马新仿等，2017)。

2. 声发射参数分析

水力压裂过程中由于岩石断裂释放大量的声发射信号，不同的破坏会产生不同的声发射信号，拉伸破坏主要产生纵波，剪切破坏主要产生横波，实验室内难以区分横波和纵波，由于纵波速度大于横波，根据声发射信号的到达时间和峰值能量等 4 个参数识别岩石破坏的模式（Ohno et al.，2010；Kawasaki et al.，2013）。有相关学者采用此方法研究水力压裂过程中岩石裂缝的宏观破坏特征（Lou et al.，2017）。使用平均频率（average frequency，AF）和 RA（rise and amplitude）值来区分张拉破坏和剪切破坏。计算方法如下：

平均频率（AF）=振铃计数（count）/持续时间（duration）

RA 值=上升时间（rise time）/最大幅值（maximum amplitude）

根据两个参数的比值大小区分岩石的破裂类型，如图 3.16 所示。

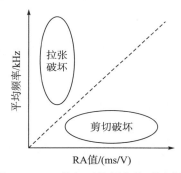

图 3.16　RA 值与平均频率关系示意图

3. 矩张量分析

矩张量可以分析岩石失稳破坏过程中的破裂机制、震源参数和能量等信息。二阶矩张量 M 的解释是抽象的，也是比较复杂的，有多种方法分解成不同的震源模式（Chapman et al.，2012）。一般分解为剪切（DC，双力偶）、补偿线性矢量偶极（CLVD）和爆炸（ISO）点源，如表 3.1 所示，图中震源球采用双力偶模型任意取向下的矩张量分量公式进行绘制，注意笛卡儿坐标系与球坐标系的转换。

表 3.1　矩张量分解及各分量图像表达

震源模式	矩张量表达式	沙滩球	P 波辐射图像
双力偶点源（double-couple source，DC）	$M_{DC}=M\begin{pmatrix} 1 & 0 & 0 \\ 0 & -1 & 0 \\ 0 & 0 & 0 \end{pmatrix}$		

震源模式	矩张量表达式	沙滩球	P波辐射图像
各向同性点源、爆炸源 (isotropic source，ISO)	$M_{\mathrm{ISO}} = \left(\dfrac{2}{3}\right)^{\frac{1}{2}} M \begin{pmatrix} 1 & 0 & 0 \\ 0 & 1 & 0 \\ 0 & 0 & 1 \end{pmatrix}$		
各向同性平面点源 (isotropic plane source，IP)	$M_{\mathrm{IP}} = M \begin{pmatrix} 1 & 0 & 0 \\ 0 & 1 & 0 \\ 0 & 0 & 0 \end{pmatrix}$		
补偿线性向量偶极子 (compensated liner-vector dipole source，CLVD)	$M_{\mathrm{CLVD}} = (3)^{\frac{1}{2}} M \begin{pmatrix} -1 & 0 & 0 \\ 0 & -1 & 0 \\ 0 & 0 & 2 \end{pmatrix}$		
线性向量偶极子 (liner-vector dipole source，LVD)	$M_{\mathrm{LVD}} = (2)^{\frac{1}{2}} M \begin{pmatrix} 0 & 0 & 0 \\ 0 & 0 & 0 \\ 0 & 0 & 1 \end{pmatrix}$		
拉伸破裂点源(tensile crack source，TC)	$M_{\mathrm{TC}} = (2)^{\frac{1}{2}} cM \begin{pmatrix} \sigma & 0 & 0 \\ 0 & \sigma & 0 \\ 0 & 0 & 1-\sigma \end{pmatrix}$ $c = \left(3\sigma^2 - 2\sigma + 1\right)^{-1/2} = (4/11)^{1/2}$		
圆柱扩张点源 (cylindrical dilatation source，CD)	$M_{\mathrm{CD}} = (2)^{\frac{1}{2}} cM \begin{pmatrix} 1 & 0 & 0 \\ 0 & 1 & 0 \\ 0 & 0 & 2\sigma \end{pmatrix}$ $c = \left(2 + 4\sigma^2\right)^{-1/2} = 2/3$		

1991 年 Ohtsu 提出一种应用于水力压裂中声发射源简化矩张量分析的理论，利用 P 波振幅的矩张量反演确定 6 个独立的矩张量分量，假定均匀各向同性材料全空间格林函数计算位移场 $u(x,t)$ 和矩阵 $\boldsymbol{m}$ 的分量 m_{pq} 为

$$u_i(x,t) = G_{ip,q}(x,y,t) m_{pq} \cdot S(t) \tag{3.38}$$

$$m_{pq} = C_{pqkl} b_k n_l \tag{3.39}$$

式中，$G_{ip,q}$ 为格林函数的空间导数，即 $G_{ip,q} = \partial G_{ip}/\partial x_q$；$C_{pqkl}$ 为弹性常数；n_l 为裂缝表面的向外法向量；b_k 为破裂面的不连续位移；$S(t)$ 为震源的时间函数。

根据远场近似，只考虑 P 波初动振幅，信号的初动振幅可以写成（Ohtsu，1991，1995；刘建坡等，2015）：

$$A(x) = \frac{D r_i \eta_i r_p r_q m_{pq}}{R} = \frac{C_s \operatorname{Re} f(t,r)}{R} \begin{pmatrix} r_1 & r_2 & r_3 \end{pmatrix} \begin{pmatrix} m_{11} & m_{12} & m_{13} \\ m_{21} & m_{22} & m_{23} \\ m_{31} & m_{32} & m_{33} \end{pmatrix} \begin{pmatrix} r_1 \\ r_2 \\ r_3 \end{pmatrix} \tag{3.40}$$

式中，R 为震源到传感器 x 的距离，m；r_i 为震源到传感器的方向余弦；η_i 为传感器的方向向量；D 为传感器等共同的因素；C_s 为与传感器灵敏度有关的系数；$\operatorname{Re} f(t,r)$ 为传感器的反射系数；t 为传感器灵敏度的方位矢量。

$\operatorname{Re} f(t,r)$ 可用下式进行求解：

$$\operatorname{Re}(t,r) = \frac{2k^2 a \left[k^2 - 2(1-a^2) \right]}{\left[k^2 - 2(1-a^2) \right]^2 + 4a(1-a^2)\sqrt{k^2 - 1 + a^2}} \tag{3.41}$$

式中，k 为纵横波速度比，$k = v_p / v_s$；a 为矢量 r 和矢量 t 的内积，当信号由垂直方向到达试样表面时，$a=1$，$\operatorname{Re}(t,r) = 2$。

对于各向同性体：

$$C_{pqkl} = \lambda \delta_{pq} \delta_{kl} + \mu \left(\delta_{pk} \delta_{ql} + \delta_{pl} \delta_{qk} \right) \tag{3.42}$$

将 b_k 改为 bl_k，联立公式(3.39)和公式(3.42)可得

$$m_{pq} = b\mu \left[\frac{2v}{(1-2v)} l_k n_k + l_p n_q + l_q n_p \right] \tag{3.43}$$

求解公式(3.43)的特征方程可得三个特征值：

$$\begin{cases} \lambda_{\max} = \mu b \left[\dfrac{l_k n_k}{(1-2v)} + 1 \right] \\[2mm] \lambda_{\mathrm{int}} = \dfrac{2\mu b v l_k n_k}{(1-2v)} \\[2mm] \lambda_{\min} = \mu b \left[\dfrac{l_k n_k}{(1-2v)} - 1 \right] \end{cases} \tag{3.44}$$

式中，$\lambda_{\max}$、λ_{int}、$\lambda_{\min}$ 分别为最大特征值、中间特征值和最小特征值。

特征值应用于声发射源信号的分解以及判断拉伸裂缝和剪切裂缝。纯剪切破裂的不连续位移向量 l 垂直于裂缝面的法向向量 n，$l_k n_k = 0$。相反，纯拉张破裂意味着不连续位移向量 l 平行于裂缝面的法向向量 n，$l_k n_k = 1$。拉张-剪切破坏处

于这两种情况之间。将矩张量分为 DC、CLVD、ISO 三部分，如图 3.17 所示，深色箭头为纯拉的力，浅色箭头为剪切的力，最大特征值方向为 1 方向，中间特征值方向为 2 方向，最小特征值方向为 3 方向。DC 组成部分为 $(X,0,-X)$，CLVD 组成部分为 $(Y,-0.5Y,0.5Y)$，ISO 组成部分为 (Z,Z,Z)。

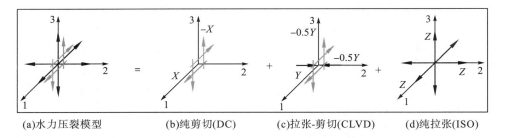

(a)水力压裂模型　　　　(b)纯剪切(DC)　　　　(c)拉张-剪切(CLVD)　　　　(d)纯拉张(ISO)

图 3.17　矩张量分解过程及模型示意图

对所有特征值进行正则化，可得

$$\begin{cases} 1.0 = X + Y + Z \\ \dfrac{\lambda_{\text{int}}}{\lambda_{\max}} = 0 - 0.5Y + Z \\ \dfrac{\lambda_{\min}}{\lambda_{\max}} = -X - 0.5Y + Z \end{cases} \tag{3.45}$$

1991 年，Ohtsu 针对水力压裂过程中接收到的 AE 信号比例提出破裂源的判别为：$X>50\%$，破裂为剪切破坏；$X<50\%$，$Y+Z>50\%$，破裂为张拉破坏。

1995 年，Ohtsu 针对接收到的 AE 信号比例提出破裂源的判别为：$X>60\%$，破裂为剪切破坏；$X<40\%$，$Y+Z>60\%$，破裂为张拉破坏；$40\%<X<60\%$，破裂判定为混合破坏。

Sileny (2012) 根据水力压裂实际情况提出一种新的震源模型以及分解方法(剪切-拉伸/内爆炸模型)，减少了 CLVD 的漏洞，不仅与现场实际情况符合，而且数值更稳定。

第4章 页岩水力裂缝扩展机理

4.1 水力裂缝扩展的弹塑性解

4.1.1 理论模型

基于裂缝线场方法和最大剪应力屈服准则相结合的方法，可以对孔隙水压力作用下岩石材料中心裂缝板的弹塑性应力场进行分析，从而获得裂纹线附近的弹塑性应力场分布和塑性区半径的解析解(Zhang et al.，2012)。本节依据文献推导得到的水力裂缝尖端的塑性区解析解对水力裂缝的扩展长度进行分析。

中心裂缝板如图 4.1 所示，板宽为 $2w$，中心裂缝长为 $2a$，在裂缝面上作用的水压力为 σ。以裂缝中心为原点建立固定直角坐标系 x_1-x_2，x_1 轴平行于裂缝线，x_2 轴垂直于裂缝线；再以裂缝尖端为原点建立移动直角坐标系 x-y，x 轴平行于 x_1，y 轴平行于 x_2。

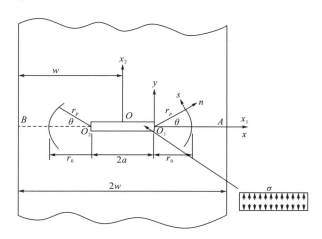

图 4.1　水压力作用下有限宽理想弹塑性介质板中心裂缝(Zhang et al.，2012)

求解裂缝线 O_2B 附近的塑性应力场时，可假设材料满足 Tresca 屈服准则：

$$\frac{\sigma_x + \sigma_y}{2} + \sqrt{\left(\frac{\sigma_x - \sigma_y}{2}\right)^2 + \tau_{xy}^2} = 2k \tag{4.1}$$

式中，k 为剪切屈服强度。

　　针对水力裂缝尖端的弹性应力场，根据复变解析函数方法，并将图 4.1 所示的模型沿裂缝线分为 2 部分，取上半部分考虑力的平衡条件，推导得到裂缝线尖端的弹性应力场的解为

$$
\begin{cases}
\sigma_x = \left(\dfrac{a}{m_r}-1\right)\sigma_0 - \dfrac{a\sigma_0\left(7a^2+9ar+5r^2\right)\theta^2}{2\left(2a+r\right)^2 m_r} + 0\left(\theta^4\right) \\[3mm]
\sigma_y = \dfrac{a}{m_r}\sigma_0 + \dfrac{a\sigma_0\left(5a^2+7ar+3r^2\right)\theta^2}{2\left(2a+r\right)^2 m_r} + 0\left(\theta^4\right) \\[3mm]
\tau_{xy} = \dfrac{ar\left(a+r\right)\theta}{m_r^3}\sigma_0 - \dfrac{a\sigma_0 m_a \theta^3}{6\left(2a+r\right)^3 m_r} + 0\left(\theta^4\right)
\end{cases}
\tag{4.2}
$$

式中，　$\sigma_0 = \dfrac{kr_0 - a\sigma}{2a\cdot\ln\left(\sqrt{r_0}+\sqrt{2a+r_0}\right) - 2a\cdot\ln\left(\sqrt{w-a}+\sqrt{w+a}\right)}$ ；　$m_r = \sqrt{r\left(2a+r\right)}$ ；

$m_a = 31a^3 + 56a^2 r + 35ar^2 + 13r^3$ ；$r\text{-}\theta$ 为以裂缝尖端为原点的直角坐标系 $x\text{-}y$ 的极坐标系；σ 为裂缝面水压力；r_0 为裂缝线上塑性区半径。

　　如图 4.1 所示，将弹塑性边界定义为角 θ 的函数 $r_p(\theta)$，该函数关于裂缝线对称。边界函数的极坐标形式可表示为

$$
r_p(\theta) = r_0 + r_2\theta^2
\tag{4.3}
$$

　　将式（4.3）代入式（4.2），则在弹塑性边界上的弹性应力可以表示为

$$
\begin{cases}
\sigma_x^e = \dfrac{\left(-m+a\right)\left(kr_0-a\sigma\right)}{2amp} - \dfrac{h_1\left(kr_0-a\sigma\right)\theta^2}{4m^5 p} + 0\left(\theta^4\right) \\[3mm]
\sigma_y^e = \dfrac{kr_0-a\sigma}{2mp} + \dfrac{h_2\left(kr_0-a\sigma\right)\theta^2}{4m^5 p} + 0\left(\theta^4\right) \\[3mm]
\tau_{xy}^e = \dfrac{r_0\left(a+r_0\right)\left(kr_0-a\sigma\right)\theta}{2m^3 p} - \dfrac{h_3\left(kr_0-a\sigma\right)\theta^3}{12\left(2a+r_0^2\right)m^3 p} + 0\left(\theta^4\right)
\end{cases}
\tag{4.4}
$$

式中，　$m = \sqrt{r_0\left(2a+r_0\right)}$ ；　$p = \ln\left(\sqrt{r_0}+\sqrt{2a+r_0}\right) - \ln\left(\sqrt{w-a}+\sqrt{w+a}\right)$ ；

　　$h_1 = r_0^2\left(7a^2+9ar_0+5r_0^2\right) + 2\left(a+r_0\right)m^2 r_2$ ；

　　$h_2 = r_0^2\left(5a^2+7ar_0+3r_0^2\right) - 2\left(a+r_0\right)m^2 r_2$ ；

　　$h_3 = r_0\left(31a^3+56a^2 r_0+35ar_0^2+13r_0^3\right) + 6\left(2a+r_0\right)\left(a^2+ar_0+r_0^2\right)r_2$ 。

　　根据弹塑性边界上应力的特性，其弹性应力同样满足 Tresca 屈服准则。因此，将式（4.4）代入式（4.1），并按 Taylor 级数展开，统计阶数相同的 θ 的系数，可求解裂缝面水压力同塑性区半径 r_0 的关系式：

$$
r_0 = \dfrac{a\sigma}{k} + 4\sqrt{r_0\left(2a+r_0\right)}\left[\ln\left(\sqrt{r_0}+\sqrt{2a+r_0}\right) - \ln\left(\sqrt{w-a}+\sqrt{w+a}\right)\right]
\tag{4.5}
$$

当裂纹水作用的水压力增加到一定程度后,水压裂纹会沿裂纹线往前扩展,其扩展长度即为塑性区半径 r_0,因此,根据式(4.5)即可分析水力裂缝往前扩展时的长度。

4.1.2　计算及分析

根据式(4.5),含有中心裂缝的有限宽板在裂缝面作用有均布水压力时,其水力裂缝扩展长度 r_0 和裂缝面均布水压力的关系如图 4.2 所示。式(4.5)所涉及的参数(有限宽板的板宽 w、中心裂缝半长 a 以及剪切屈服强度 k)见表 4.1。

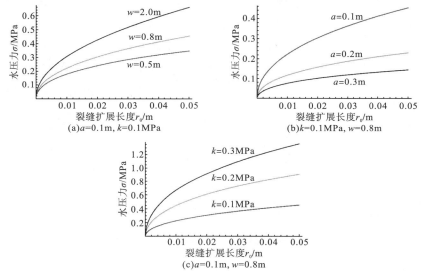

图 4.2　裂缝扩展长度与裂缝面水压力关系

表 4.1　含中心裂缝的有限宽板相关参数

板宽 w	0.5m	a=0.1m
	0.8m	k=0.1MPa
	2.0m	
中心裂缝半长 a	0.1m	w=0.8m
	0.2m	k=0.1MPa
	0.3m	
剪切屈服强度 k	0.1MPa	a=0.1m
	0.2MPa	w=0.8m
	0.3MPa	

从图 4.2 中可以看出,水力裂缝扩展长度 r_0 随着裂缝面均布压力 σ 的增加而增加。同时,有限宽板的板宽 w、中心裂缝半长 a 以及剪切屈服强度 k 均对水力裂缝

扩展长度 r_0 的大小存在影响。在保持一定的裂缝面均布压力 σ 的情况下，板宽 w 越小、中心裂缝半长 a 越大、剪切屈服强度 k 越小，水力裂缝扩展长度 r_0 越大。

4.2 考虑围压的倾斜水力裂缝扩展分析

4.2.1 倾斜裂缝应力强度因子计算

斜裂缝在如图 4.3(a) 所示的压应力场作用下(此时先不考虑裂缝面水压力作用)，裂缝与竖直压应力方向夹角为 β，根据伪力法和叠加原理得出裂缝面上的法向应力和切向应力分别为(师俊平等，2007)

$$\begin{cases} P = \sigma_y \sin^2 \beta + \sigma_x \cos^2 \beta \\ Q = \left(\sigma_y - \sigma_x\right)\sin \beta \cos \beta \end{cases} \tag{4.6}$$

式中，P 为裂缝面上作用的法向应力；Q 为裂缝面上作用的切向应力；β 为裂缝面与 y 轴夹角。

设裂缝面为平直型，可得平面内的应力函数为

$$\Phi(z) = \frac{z[-P + i(Q - P\tan\varphi)]}{2\sqrt{z^2 - a^2}} \tag{4.7}$$

式中，φ 为裂缝面内摩擦角；a 为裂缝半长度。

应力强度因子为(施明明等，2013)：

$$K = K_{\mathrm{I}} - iK_{\mathrm{II}} = \left[-P + i(Q - P\tan\varphi)\right]\sqrt{\pi a} \tag{4.8}$$

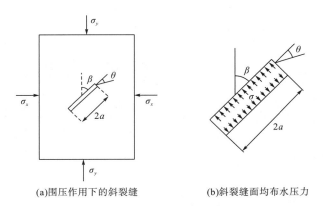

(a)围压作用下的斜裂缝   (b)斜裂缝面均布水压力

图 4.3   围压和水压力共同作用下的斜裂缝

考虑裂缝面水压力 σ 作用［图 4.3(b)］，则裂缝面的有效法向应力为

$$P = \sigma_y \sin^2 \beta + \sigma_x \cos^2 \beta - \sigma \tag{4.9}$$

水力压裂时裂缝主要呈张开，因此不考虑裂缝面内摩擦角（即 $\varphi = 0°$），则应力函数可以表示为

$$K = \left[-\left(\sigma_y \sin^2\beta + \sigma_x \cos^2\beta - \sigma\right) + i\left(\sigma_y - \sigma_x\right)\sin\beta\cos\beta\right]\sqrt{\pi a} \tag{4.10}$$

由上式可以得到 I 型和 II 型应力强度因子为

$$\begin{cases} K_{\mathrm{I}} = \left[-\sigma_y \sin^2\beta - \sigma_x \cos^2\beta + \sigma\right]\sqrt{\pi a} \\ K_{\mathrm{II}} = \left[\left(\sigma_y - \sigma_x\right)\sin\beta\cos\beta\right]\sqrt{\pi a} \end{cases} \tag{4.11}$$

4.2.2　计算与分析

1. 应力强度因子变化规律

围压和水压力共同作用下斜裂缝的 I 型应力强度因子和裂缝面倾角的关系如图 4.4 所示，图中考虑了不同围压、裂缝面水压力大小的影响。根据式(4-11)，取裂缝半长 $a=0.1\mathrm{m}$，竖直压力 $\sigma_y=2\mathrm{MPa}$，水平压力 σ_x 取竖直压力的 n 倍($n=0$、0.2、0.4、0.6、0.8)，裂缝面水压力 σ 分别取 1MPa、2MPa、3MPa，分别对应图 4.4(a)、(b)、(c)。

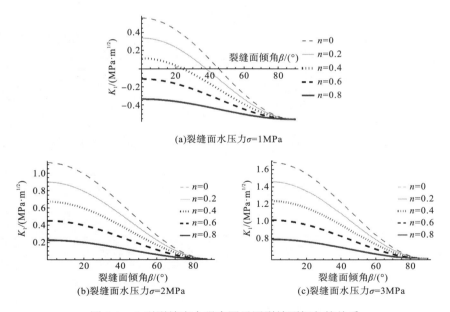

图 4.4　I 型裂缝应力强度因子同裂缝面倾角的关系

从图 4.4 可以看出，取较小的裂缝面水压力时($\sigma=1\mathrm{MPa}$)，当水平压力和竖直压力之比 $\sigma_x/\sigma_y=0.6$ 及以上(围压差较小)时，倾斜裂缝的应力强度因子主要为负值，其绝对值大小随着裂缝面与竖直压力方向的夹角 β 增大而增大，表明此时裂缝受

压力影响较大；当水平压力和竖直压力之比 $\sigma_x/\sigma_y=0.4$ 及以下(围压差较大)时，裂缝面倾角 β 存在一个临界值，小于临界值时应力强度因子为正，其大小随角度减小而增大，裂缝受水压力影响较明显，大于临界值时应力强度因子为负，其绝对值大小随夹角 β 增大而增大。

当取较大的裂缝面水压力时($\sigma=2$MPa 及以上)，应力强度因子为正值，其大小随角度增大而减小，随水平压力与竖直压力之比 σ_x/σ_y 增大而减小。

当裂缝面倾角为 90°时(即垂直于竖直压力方向)，应力强度因子不随水平压力与竖直压力之比 σ_x/σ_y 变化，只受到水压力和竖直压力大小的影响。

2. 裂缝扩展角度分析

式(3.24)给出了根据应变能密度因子分析复合型裂缝扩展角度的方法，结合式(4.11)可以得到倾斜裂缝在围压和裂缝面水压力共同作用下的应变能密度因子的最小值以及最小值对应的角度(即最小应变能密度因子达到临界值时的裂缝扩展角 θ)。

取材料参数 $E=10$GPa，$v=0.23$，裂缝半长 $a=0.1$m，竖直压力 $\sigma_y=2$MPa，水平压力 σ_x 取竖直压力的 n 倍($n=0$、0.2、0.4、0.6)，裂缝面水压力 σ 分别取 1MPa、2MPa、3MPa，分别对应图 4.5(a)、(b)、(c)。

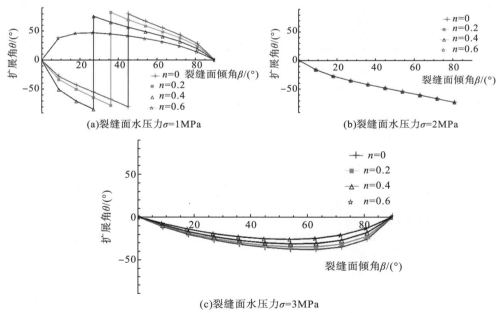

图 4.5　裂缝扩展角同裂缝面倾角的关系

当 $\sigma=1$MPa 时，随着倾斜裂缝面和竖直压力之间的倾角 β 由 0°增加到 90°，裂缝扩展角(θ，新拓展裂缝线与原裂缝线之间夹角)总体上呈现先增大再减小的变化规律。但因裂缝面水压力较小，当 σ_x/σ_y=0.4 及以下（高围压差）时，受围压影响，结合对应力强度因子的分析，裂缝面倾角 β 在临界值处变化时，裂缝扩展方向沿原裂缝线发生翻转（图中表现为扩展角度值正负号的变化）。

当 σ=2MPa 时，即裂缝面水压力和竖直方向压力大小相等，此时，裂缝扩展角随裂缝面倾角增大而增大，水平压力和竖直压力之比对裂缝扩展角没有影响。

当 σ=3MPa 时，水压力较大，裂缝扩展角总体上呈现先增大再减小的趋势。在保持相同的裂缝面倾角的情况下，裂缝扩展角随着水平压力和竖直压力之比减小而增大。

当裂缝面倾角为 0°或 90°时，即裂缝平行于竖直压力或水平压力时，裂缝总是沿着原有裂缝线方向扩展，此时呈现单一的破坏模式。

4.3　裂缝周围地应力场重分布规律

在水力压裂过程中，由于流体作用和裂缝尖端的奇异性，裂缝开裂后，在裂缝周围会形成诱导应力场。应力场的重分布表现为应力方向和大小的变化。应力转向是控制水力裂缝的主要方式之一，地应力差值变小会导致水力裂缝扩展主力方向减弱，裂缝扩展的随机性增大。因此地应力场的重分布规律对水力压裂具有重要的影响。

关于地应力重分布规律，其研究方法主要是基于有限元等软件得到的数值模拟结果，未给出裂缝注水的地应力重分布的应力转向和地应力均一化问题的解析结果，相关影响因素的分析虽有提及，但是并不完善。因此本节基于断裂力学理论，建立了单裂缝注水条件下裂缝周围的地应力场分布模型，提出了地应力转向和地应力均一化的计算方法，并分析了裂缝长度、缝内压力和地应力差值等因素对地应力重分布的影响。

4.3.1　单条裂缝周围的地应力场分布

1. 理论公式

裂缝周围一点位置的应力分布（图 4.6）（李世愚等，2016），如式（4.12）～式（4.14）所示。

$$\frac{\sigma_{x0}+\sigma_{y0}}{2}=p\left[\frac{r}{\sqrt{r_1\times r_2}}\cos\left(\theta-\frac{\theta_1+\theta_2}{2}\right)\right]-1 \tag{4.12}$$

$$\frac{\sigma_{x0}-\sigma_{y0}}{2}=-\frac{a^2pr}{\left(r_1\times r_2\right)^{3/2}}\sin\theta\sin\frac{3}{2}\left(\theta_1+\theta_2\right) \tag{4.13}$$

$$\tau_{xy0} = \frac{a^2 pr}{\left(r_1 \times r_2\right)^{3/2}} \sin\theta \cos\frac{3}{2}\left(\theta_1 + \theta_2\right) \tag{4.14}$$

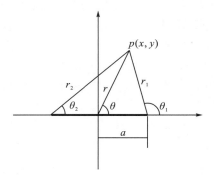

图 4.6 裂缝周围一点位置描述示意图

联立可以求得单条裂缝在周围岩体的附加应力 σ_{x0}、σ_{y0}、τ_{xy0}。根据应力叠加原理，可以求得裂缝周围岩体内的应力状态：

$$\sigma_x = \sigma_{x1} + \sum \sigma_{x0} \tag{4.15}$$

$$\sigma_y = \sigma_{y1} + \sum \sigma_{y0} \tag{4.16}$$

$$\tau_{xy} = \tau_{xy1} + \sum \tau_{xy0} \tag{4.17}$$

主应力和主应力角度可通过应力状态计算得到：

$$\sigma_1 = \frac{\sigma_x + \sigma_y}{2} + \sqrt{\left(\frac{\sigma_x - \sigma_y}{2}\right)^2 + \tau_{xy}^2} \tag{4.18}$$

$$\sigma_3 = \frac{\sigma_x + \sigma_y}{2} - \sqrt{\left(\frac{\sigma_x - \sigma_y}{2}\right)^2 + \tau_{xy}^2} \tag{4.19}$$

$$2\alpha_0 = \arctan\frac{-2\tau_{xy}}{\sigma_x - \sigma_y} \tag{4.20}$$

由此可以得到裂缝周围应力场的分布情况。通过与原始地应力状态的对比，可以得到裂缝对周围地应力场的影响。假设初始最大主应力方向为水平方向（即最大主应力方向为 0°），通过计算得到单裂缝周围岩体的最大主应力方向（图 4.7）。

由图 4.7 可知，裂缝周围的最大主应力方向发生了偏转，偏转角度以裂缝为中心向外逐渐减小。在裂缝扩展过程中，裂缝趋于沿平行最大主应力方向扩展，因此应力场的方向变化会影响裂缝的扩展路径，导致裂缝转向。

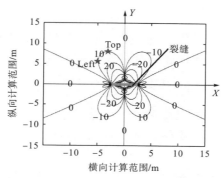

图 4.7　裂缝周围的最大主应力方向分布(角度)

　　裂缝一般平行于最大主应力方向扩展。缝内流体垂直作用于裂缝面,由此增加垂直于裂缝方向的应力。因此,裂缝内的流体压力对地应力场的转向有着重要影响。流体压力作用于裂缝面,产生的附加应力导致最小主应力增加。因此裂缝面周围区域的地应力差值变小,当最小主应力与最大主应力相同时,裂缝周围的地应力场发生"均一化"效应。初始最大主应力为 12MPa,最小主应力为 9MPa 条件下,裂缝周围的最大地应力与最小地应力差值分布如图 4.8 所示。在裂缝面附近地应力差减小,发生了"均一化"效应,如图 4.8(a)所示。在裂缝尖部地应力由于应力集中,差值扩大,如图 4.8(b)所示。图 4.8(c)为地应力差的总体分布,由图可知,远场地应力差不受影响。

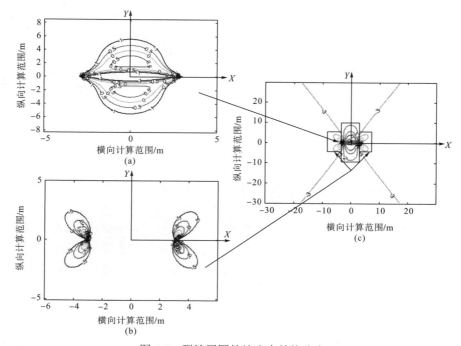

图 4.8　裂缝周围的地应力差值分布

当地应力差值较小时，裂缝更容易被天然裂缝捕获，裂缝扩展过程中更容易与天然裂缝或节理相交而发生转向。因此地应力均一化区域更容易形成复杂的裂缝网络，对裂缝网络的形成，地应力均一化区域的确定具有重要的参考意义。

2. 地应力均一化区域面积计算

通过计算得到均一化范围，定义小于某一地应力差的区域为地应力均一化区域。通过图像处理技术可计算得到均一化区域的面积（图4.9）。

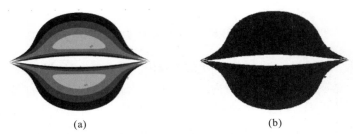

(a)   (b)

图4.9　裂缝周围的地应力均一化范围（地应力差值=1）

实现步骤如下：

(1) 计算得到裂缝周围地应力差的分布情况；

(2) 得到某一地应力差时均一化影响范围灰度图［图4.9(a)］；

(3) 图像二值化，设定合适阈值，得到合适的二值图［图4.9(b)］；

(4) 通过得到的二值图，计算面积。根据二值化图像的定义，影响面积可通过式(4.21)得到：

$$\text{Area} = L \times H \times \left(1 - \frac{\text{sum}(1)}{m \times n}\right) \tag{4.21}$$

式中，Area 为影响面积，m^2；L 为图片长度，m；H 为图片高度，m；m 为图片的像素高度，无量纲；n 为图片的像素宽度，无量纲；$\text{sum}(1)$ 为二值化图像值的和，无量纲。

4.3.2　单条裂缝周围地应力场的影响分析

裂缝的存在会导致周围地应力场重分布，裂缝形态、原始地应力状态和缝内压力都会对周围的应力场起到重要影响。为了弄清裂缝的存在对周围地应力场的影响，以裂缝半长、地应力差值和裂缝内流体压力为变量，提出计算方案，研究其对裂缝周围地应力转向和地应力均一化的影响。

1. 单条裂缝周围的地应力转向

为研究裂缝对地应力转向的影响，以最大主应力角度为 10°为例，确定转向范围的最顶部和最左边的位置(分别对应图 4.7 中的 Top 点和 Left 点)，以此确定不同因素对转角的影响。以 d 表示转向区域的影响距离，其中 d_T 为垂向影响距离，d_L 为水平影响距离。考虑到裂缝半长的影响，选择 Left 点的 x 轴坐标减去裂缝半长 a 作为水平影响距离。

1) 转向角度与裂缝长度的关系

首先研究裂缝半长与地应力转向的关系。选取裂缝半长分别为 1m、2m、3m、4m、5m、10m，研究裂缝半长条件下的地应力转向的影响范围。设计方案的计算参数如表 4.2 所示。

表 4.2　变裂缝半长设计方案

方案	最大主应力/MPa	最小主应力/MPa	缝内流体压力/MPa	裂缝半长/m
a1	12	9	10	1
a2	12	9	10	2
a3	12	9	10	3
a4	12	9	10	4
a5	12	9	10	5
a6	12	9	10	10

通过计算可以得到地应力转向的影响距离，如图 4.10 所示。由图可知，影响距离与裂缝半长呈线性正相关。裂缝半长增大，其对地应力的转向影响增大。不同方向的影响长度也不相同，垂向影响距离大于水平影响距离。通过拟合得到的线性公式可知，本条件下垂向影响距离与水平影响距离的斜率分别为 3.6505 和 1.1911，其比值为 3.065。基于此可推测，随着裂缝长度的增加，裂缝引起的最大主应力转向范围逐渐扩大，且在垂直于裂缝方向的影响距离大于水平影响距离，其比值约为 3 倍。其垂向与水平向的影响距离比值与裂缝半长无关。

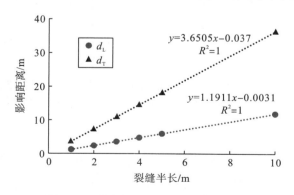

图 4.10　裂缝半长对地应力转向的影响

2) 转向角度与地应力差值的关系

地应力差值是岩体地应力初始条件的表征，地应力重分布则是裂缝产生的应力阴影在原始地应力基础上产生的新的地应力场，因此原始地应力对裂缝的转向具有重要影响。考虑不同地应力差值条件下的方案，如表 4.3 所示。计算结果如图 4.11 所示。

表 4.3   变地应力差设计方案

方案	最大主应力/MPa	最小主应力/MPa	缝内流体压力/MPa	裂缝半长/m
x1	12	9	16	3
x2	13	9	16	3
x3	14	9	16	3
x4	15	9	16	3
x5	16	9	16	3
x6	18	9	16	3
x7	20	9	16	3

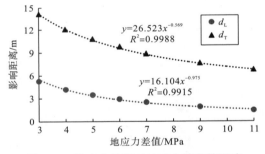

图 4.11   地应力差值对地应力转向的影响

由图可知，主应力转向的影响范围与地应力差值为负相关，随着地应力差值扩大，影响范围逐渐减小。通过数据拟合，其影响范围与地应力差值为幂函数关系。其中 d_L 的幂指数为 -0.975，因此可近似认为 d_L 与地应力差值为倒数关系。对于垂向和水平向的影响距离，与上述类似，d_T 大于 d_L。综上所述，地应力差值增大，主应力转向的范围变小。且垂向影响距离大于水平影响距离，其比值与地应力差值为幂函数关系，随着地应力差值增大，垂向与水平向的影响距离比值增大。

3) 转向角度与注水压力的关系

缝内流体压力作用于裂缝表面，是产生应力阴影的直接原因，因此缝内流体压力是引起裂缝周围应力重分布的直接诱因，对应力重分布有着重要的影响。分别选择流体压力为 10MPa、12MPa、14MPa、16MPa、18MPa，以研究缝内流体压力对周围应力重分布的影响，不同方案的参数选取见表 4.4。

表 4.4　变缝内压力设计方案

方案	最大主应力/MPa	最小主应力/MPa	缝内流体压力/MPa	裂缝半长/m
P1	12	9	10	3
P2	12	9	12	3
P3	12	9	14	3
P4	12	9	16	3
P5	12	9	18	3

由图 4.12 可知，主应力转向范围与缝内压力为正相关关系，随着缝内压力增加，应力转向的影响范围扩大。根据数据拟合结果，影响范围与缝内压力为幂函数关系。垂向影响距离大于水平向影响距离。垂向与水平向的影响距离比值随着缝内压力的增加而逐渐减小，但减小的幅度较慢。

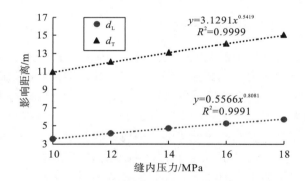

图 4.12　缝内压力对地应力转向的影响

4）主应力转向的影响因素

由上述分析可知，比值 R 与裂缝长度无关，与地应力差值和缝内压力均为幂函数关系。其结果分别为

$$R = 1.647x^{0.406} \tag{4.22}$$

$$R = 5.2618P^{-0.266} \tag{4.23}$$

式中，R 为主应力转向的垂向与水平影响距离比值，无量纲；x 为地应力差值，MPa；P 为缝内流体压力，MPa。

根据控制变量法的原则，可以得到同时考虑地应力差值和缝内流体压力时的 R 与 x、P 的关系，A 为待定系数：

$$R = Ax^{0.406}P^{-0.266} \tag{4.24}$$

将方案的结果代入式（4.24）可得 $A=3.545$。将该公式与实际计算得到的值进行对比，其结果如图 4.13 所示。由图 4.13 可知，其结果的吻合度较高。因此，式（4.24）

可用于确定不同条件下的应力场转向范围纵横向比值，由此可大约估计地应力转向的范围。

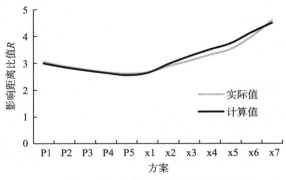

图 4.13　公式值与实际值对比

2. 单条裂缝周围地应力场均一化

裂缝周围受到缝内压力的影响，在裂缝面的垂向范围内发生了应力均一化。压裂过程中，在低地应力差区域内，裂缝更容易被弱结构面捕获而转向，更容易形成裂缝网络。因此研究裂缝造成的周围地应力场均一化效应对水力压裂时裂缝网络形成有着重要的意义。因此，本节以裂缝半长、初始地应力差和缝内流体压力为变量，研究裂缝造成的均一化范围，采用影响面积 Area 和垂向影响距离 d_T 进行研究。影响面积 Area 由式(4.21)计算，垂向影响距离 d_T 定义为均一化范围在垂直于裂缝面的最远距离，即图 4.7 所示 Top 点的竖向坐标，同地应力转向的垂直影响距离。本节以地应力差值小于 1 作为地应力均一化的影响范围进行研究。

1)地应力均一化与裂缝半长的关系

为了研究裂缝半长对地应力均一化的影响，设计不同的裂缝半长的计算方案，裂缝半长分别取 1m、2m、3m、4m、5m、10m，方案的各参数取值如表 4.2 所示。计算结果如图 4.14 所示。

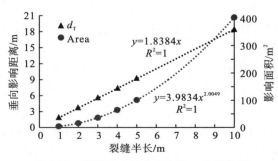

图 4.14　裂缝半长对地应力均一化的影响

　　由图可知，垂向影响距离与裂缝半长为线性正相关，随着裂缝长度的增加，垂向影响距离逐渐扩大。影响面积与裂缝半长为正相关，影响面积随裂缝半长增加而增加。综上，裂缝引起的地应力均一化效应与裂缝半长为正相关，随着裂缝长度增加，垂向影响距离和影响面积都随之增大。在实际压裂过程中，裂缝长度从十米到百米级别，其引起的地应力场均一化效应范围不可忽视。裂缝长度对地应力场均一化效应的影响在多簇压裂中具有重要的意义。

　　2）地应力均一化与地应力差的关系

　　地应力重分布是在原始地应力差的基础上进行二次分布，因此初始地应力差是影响地应力均一化的重要因素。为研究地应力差值对地应力均一化的影响，选取表 4.3 中前五种方案参数进行计算，得到的结果如图 4.15 所示。

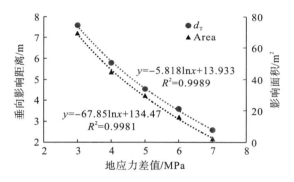

图 4.15　地应力差对地应力均一化的影响

　　由图可知，地应力均一化的垂向影响距离和影响面积均与地应力差值为负相关，其他参数确定的情况下，随着地应力差值增大，均一化影响程度降低。通过数值拟合，可得垂向影响距离和影响面积与地应力差值为对数关系时，R^2 的值均大于 0.998，说明拟合得到的结果可信度高。这说明裂缝引起地应力均一化在地应力差值较小的地层中会更加明显。因此在低地应力差地层内通过裂缝对周围地应力场进行改造，更容易使地应力场均一化效应扩大，地层更容易形成缝网，增加压裂后地层的连通性。

　　3）地应力均一化与注水压力的关系

　　缝内流体作用于裂缝面，其压力与原始地层应力叠加，引起地层应力场的改变，故缝内压力是引起均一化的主要影响因素。为研究不同缝内压力对地应力均一化的影响，设计方案和参数选取如表 4.4 所示，计算结果如图 4.16 所示。

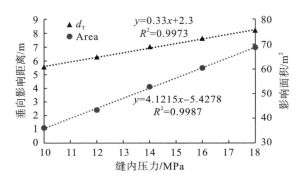

图 4.16　缝内压力对地应力均一化的影响

由图 4.16 可知，地应力均一化的垂向影响距离和影响面积均与缝内压力为正相关。随着缝内压力增大，垂向影响距离与影响面积均扩大。通过数据拟合可知，均一化范围与缝内压力为线性关系，R^2 均大于 0.99，拟合效果较好。综上，裂缝内的流体压力会增加地层的均一化范围，适当增加裂缝内的流体压力可扩大地应力均一化范围，有利于复杂缝网的形成。

4.3.3　地应力重分布的影响因素

上述分别分析了裂缝半长、地应力差和缝内压力对主应力转向和地应力均一化的影响。但裂缝注水引起的地应力的重分布是多因素共同作用的结果，因此弄清各因素在地应力重分布中的重要程度对压裂过程中的人为地应力前期调整有着重要的指导作用。

1. 线性回归分析

多变量实验是因变量大于或等于两个的实验方法，通过回归分析可以确定各变量之间的重要程度。线性回归是研究各变量重要程度的主要方法。线性回归的回归方程为

$$Y = \beta_0 + \beta_1 X_1 + \beta_2 X_2 + \cdots + \beta_i X_i \qquad (4.25)$$

式中，Y 为因变量；X_i 为自变量；i 为自变量个数；β 为待定系数。

通过对实验数据进行线性回归可以得到待定系数，确定回归方程。在确定待定系数后，计算各变量的标准化系数。标准回归系数，是指消除了因变量 Y 和自变量 $X_1, X_2, \cdots, X_i$ 所取单位的影响之后的回归系数，其绝对值的大小直接反映了 X_i 对 Y 的影响程度。标准化系数的计算方法为

$$\beta_i' = \beta_i \left(\sigma(X_i) / \sigma(Y_i) \right) \qquad (4.26)$$

式中，β_i' 为标准化回归系数；σ 为标准差。

2. 各因素对地应力重分布的影响程度

汇总数据到表 4.5，进行线性回归，以裂缝半长、地应力差和缝内压力为自变量，分别选择主应力偏转的垂向影响距离(水平向影响距离可通过与垂向影响距离的关系确定，此处不作讨论)、地应力均一化垂向影响距离和影响面积为因变量进行线性回归分析，结果如表 4.6 所示。

表 4.5　计算结果汇总

地应力差 /MPa	缝内压力 /MPa	裂缝长度 /m	转向 d_L /m	主应力偏转垂向影响距离/m	地应力均一化垂向影响距离/m	影响面积 /m²
3	10	1	1.21	3.64	1.84	4.02
3	10	2	2.36	7.29	3.64	15.75
3	10	3	3.56	10.89	5.54	36.06
3	10	4	4.76	14.54	7.34	64.30
3	10	5	5.96	18.19	9.19	100.80
3	10	10	11.91	36.49	18.39	402.87
3	16	3	5.26	14.04	7.59	60.46
4	16	3	4.16	12.04	5.79	39.03
5	16	3	3.46	10.69	4.54	25.76
6	16	3	2.91	9.64	3.59	13.89
7	16	3	2.51	8.84	2.59	1.80
9	16	3	1.91	7.59	—	—
11	16	3	1.46	6.69	—	—
3	10	3	3.56	10.89	5.54	36.06
3	12	3	4.16	12.04	6.29	43.32
3	14	3	4.71	13.09	6.99	52.82
3	16	3	5.26	14.04	7.59	60.46
3	18	3	5.71	14.99	8.19	68.70

表 4.6　线性回归结果汇总

因变量	自变量	未标准化系数	标准化系数	拟合效果
主应力偏转垂向影响距离	裂缝半长	3.649	0.958	R^2=0.994 Sig=6.04E-16
	地应力差	−0.988	−0.342	
	缝内压力	0.437	0.192	
	常量	−1.423		
地应力均一化垂向影响距离	裂缝半长	1.837	0.938	R^2=0.998 Sig= 1.95E-16
	地应力差	−1.291	−0.429	
	缝内压力	0.324	0.265	
	常量	0.657		

因变量	自变量	未标准化系数	标准化系数	拟合效果
地应力均一化影响面积	裂缝半长	19.637	0.578	$R^2=0.978$ Sig= 1.26E-8
	地应力差	−15.099	−0.890	
	缝内压力	3.430	0.466	
	常量	−9.264		

　　统计学认为拟合优度越接近 1，拟合结果越接近，Sig 的值小于 0.05 则认为拟合有效。表 4.6 中三个因变量拟合结果的拟合优度 R^2 分别为 0.994、0.998 和 0.978，Sig 值分别为 6.04E-16、1.95E-16 和 1.26E-8，因此拟合结果可信。

　　主应力偏转垂向影响距离的线性回归公式如式(4.27)所示，拟合结果与实际情况进行对比见图 4.17，回归公式与实验结果基本一致。

$$d_{\mathrm{T}} = 3.649a - 0.988x + 0.437P - 1.423 \tag{4.27}$$

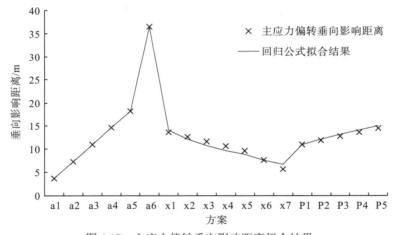

图 4.17　主应力偏转垂向影响距离拟合结果

　　裂缝半长、地应力差和缝内压力的标准化回归系数分别为 0.958、−0.342 和 0.192。根据标准化回归系数的含义，可确定三个自变量对主应力偏转垂向范围的影响重要程度，从大到小的排序分别为裂缝半长、地应力差、缝内压力。其中裂缝半长和缝内压力有利于转向范围的扩大，而地应力差则会减小主应力转向的范围。因此控制裂缝长度对于扩大转向范围有着良好的效果。

　　均一化区域的垂向影响距离和影响面积回归公式分别如式(4.28)和式(4.29)所示。拟合结果与实际情况进行对比分别见图 4.18 和图 4.19，回归公式与实验结果基本一致。

$$d_{\mathrm{T}} = 1.837a - 1.291x + 0.324P + 0.657 \tag{4.28}$$

$$\mathrm{Area} = 19.637a - 15.099x + 3.43P - 9.264 \tag{4.29}$$

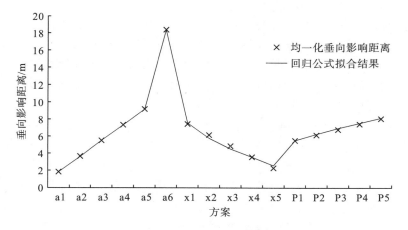

图 4.18　均一化垂向影响距离拟合结果

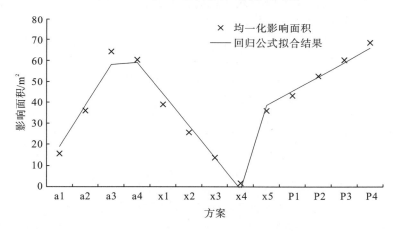

图 4.19　均一化影响面积拟合结果

由表 4.6 可知，裂缝半长、地应力差和缝内压力对均一化垂向距离的影响的标准化回归系数分别为 0.938、−0.429 和 0.265，因此可确定影响因素的重要程度排序为裂缝半长、地应力差和缝内压力。

类似地，三因素对均一化面积的影响的标准化回归系数分别为 0.578、−0.890 和 0.466。因此重要性排序为地应力差、裂缝半长和缝内压力。

4.3.4　双裂缝形态条件下的地应力转向

裂缝内注液会导致周围岩体的地应力场重分布，造成地应力转向和地应力均一化。因此在压裂过程中，可首先压裂一条主裂缝，通过控制裂缝长度和缝内压力达到改造裂缝周围应力场的目的，此后在裂缝周围选择合适距离，进行二次压裂以形成有效缝网。为此我们建立简单模型，研究一条主裂缝存在时对次级压裂的影响。由于地应力均一化时裂缝扩展过程中被天然裂缝捕获的机理目前理论尚不成熟，因此本书暂不做讨论。裂缝周围的主应力偏转角度计算结果明确，且多数学者认为，裂缝扩展路径趋向与最大主应力方向平行。因此本节研究主裂缝应力偏转对次级压裂裂缝的影响。

采用的模型如图 4.20 所示。图中 F1 为主裂缝，为已压裂完成的裂缝，F2 为次级裂缝，为压裂过程中的裂缝，d 为两条裂缝的距离，La 为主裂缝的半长。主裂缝存在条件下，地应力场已经发生了重分布，但随着次级裂缝的扩展，地应力又受次级裂缝压裂的影响，地应力重分布同时受到两条裂缝的作用。为了研究主裂缝存在时对次级裂缝周围地应力转向的影响，选择 A 点为研究位置，计算裂缝F1 和 F2 存在时 A 点的主应力偏转角度与只有裂缝 F2 存在时 A 点的偏转角度的差值，该差值用于确定主裂缝对次级裂缝扩展的影响。

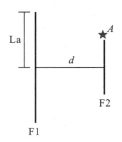

图 4.20　双裂缝形态示意图

为了研究主裂缝存在对次级裂缝压裂时造成的影响，设计 F2 的长度和缝内压力保持不变，变换主裂缝的半长 La、缝内压力 P 以及主裂缝与次级裂缝的距离 d，其对于如何选择主裂缝的参数以优化次级裂缝扩展具有参考意义。

1. 主裂缝长度的影响

首先考虑主裂缝长度导致的主应力角度偏转差值，如图 4.21 所示。可得随着主裂缝长度的增大，偏转角度先逐渐增加，达到某一峰值点后开始逐渐降低。由图 4.21 可知，峰值点与 P 和 d 有关，d 值影响峰值点对应的裂缝半长，d 值越大，峰值点对应的裂缝半长越小；P 值主要影响角度差值的大小，在 d 相同时，P 越大则其偏转的角度差值越大。

出现峰值的原因与单裂缝周围的主应力偏转角度分布情况有关。对裂缝周围的局部放大（图 4.22）可知，从裂缝面附近的地应力转角为 0°，向外逐渐增大（C区），达到转角最大值时（B 区），向外又逐渐减小（A 区）。裂缝长度越大，C 区的范围越大。因此可以推断，双裂缝条件下，角度差值峰值前逐渐升高，此时次级裂缝处于 A 区，随着主裂缝长度增加，A 区向外移动，次级裂缝 F2 的 A 点逐渐接近 B 区，转角差值也随之增大。随主裂缝长度继续增加，A 点处于 C 区，此时角度差值则逐渐减小。

综上可知，主裂缝长度过大或者太小都不会导致过大的干扰角度。基于此，通过主裂缝各参数的控制，可以促进次级裂缝在某处的定向转向，实现压裂过程中的缝网优化。

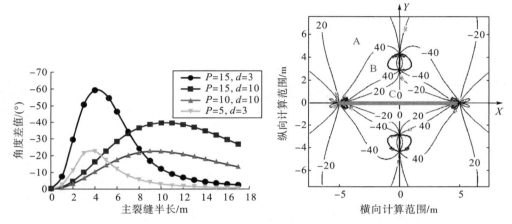

图 4.21　主裂缝长度对角度偏转差值的影响　　图 4.22　单裂缝周围（局部）主应力偏转

2. 主裂缝缝内压力的影响

主裂缝缝内压力造成的角度差值结果如图 4.23 所示，由图可知，随着主裂缝缝内压力的增加，角度差值逐渐增大。因此在合理控制成本的情况下，增大主裂缝内流体压力，可以提高主裂缝对次级裂缝周围主应力角度偏转的影响。

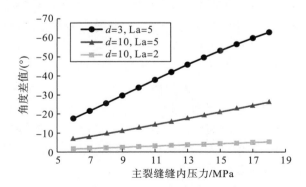

图 4.23　主裂缝缝内压力对角度偏转差值的影响

3. 两条裂缝间距的影响

裂缝间距离对转向角度差值的影响如图 4.24 所示，由图可知，随着裂缝间距的扩大，角度差值先增加，达到峰值后逐渐降低。角度差值先增加后减小的原因与主裂缝长度的影响类似，当 d 较小时，F2 的 A 点处于图 4.22 的 C 区，随着 d 值增大，则 A 点向外移动，沿着 A—B—C 三个区域移动，则会出现先增大后减小的趋势。因此确定合理的裂缝间距对于次级裂缝的压裂尤为重要。

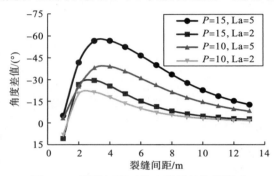

图 4.24　裂缝间距对角度偏转差值的影响

4.3.5　地应力均一化在油气开发中的应用

地层中普遍分布有天然裂缝。天然裂缝是在古地应力场条件下形成的，由于古地应力场在地质作用下发生转向，因此地层中一般存在不同角度的天然裂缝。裂缝的开启受到现代地应力场作用，天然裂缝的开启压力与地应力差、天然裂缝与最大主应力的夹角有关。

天然裂缝面上的法向应力为

$$\sigma_n = \sigma_H \sin^2 \theta + \sigma_h \cos^2 \theta = (\sigma_H - \sigma_h)\sin^2 \theta + \sigma_h \tag{4.30}$$

当缝内流体压力大于法向应力时，不考虑裂缝内胶结物的作用时，天然裂缝开裂。不同角度的裂缝开启压力可表示为

$$P = \sigma_n = (\sigma_H - \sigma_h)\sin^2 \theta + \sigma_h \tag{4.31}$$

由式(4.31)可知，当最大主应力和最小主应力的差值很小时，裂缝与最大主应力的夹角的影响逐渐变小，当两者相等时，夹角项为零，各角度裂缝的开启角度相同。在水力压裂中，天然裂缝的开启和联通是形成有效缝网的主要因素。在地应力均一化地层中，各角度天然裂缝的开启压力差别较小，压裂时各角度天然裂缝同时扩展，易形成有效缝隙网络。

因此通过控制主裂缝的长度和注入压力，可以达到有效的缝网压裂。合理增加沿最大主应力方向的裂缝长度，增大注水压力，可以扩大地应力均一化影响面积，促进非最大主应力方向的裂缝扩展，形成有效缝网。

4.4　相交节理的扩展分析

天然弱结构面是形成复杂缝网的主要因素。天然弱结构面对水力裂缝的干扰主要体现在两个方面。第一，含天然裂缝的地层为非连续介质，弱结构面的存在打破了裂缝周围的地应力场的连续性，增加了地层应力场的复杂程度；第二，水力裂缝与天然裂缝相交时，天然弱结构面可能会捕获水力裂缝，从而改变水力裂缝的扩展方向。若水力裂缝被天然裂缝捕获，水力裂缝沿着天然弱结构面延伸，则裂缝的形态由原有的一条裂缝变为两条裂缝。复杂裂缝网络形成的基本单元是由单条裂缝变为两条或多条裂缝。裂缝条数的增加是裂缝网络形成的关键因素。而天然弱结构面与水力裂缝相交是裂缝增加的重要途径之一，因此研究天然弱结构面与水力裂缝相交时的裂缝形态对于水力压裂的改造效果具有重要的意义。

目前的研究多针对于已经存在且破坏的天然裂缝对水力裂缝的影响。地层内具有较多的弱结构面。在水力压裂过程中，当压裂液到达时，裂缝可能沿着弱结构面延伸破坏。因此弱结构面与水力裂缝的相互作用对于裂缝扩展具有重要影响。因此，本节基于前人研究基础，采用线弹性力学对节理性裂缝的相交准则进行研究，以明确相交弱结构面在水力压裂过程中的扩展形态。

4.4.1　节理型裂缝的相交扩展准则

页岩具有较高的脆性，由于地质构造应力的作用，页岩内的层理和裂隙发育。层理或裂隙等弱结构面的强度较低，在压裂过程中会先发生破坏，导致裂缝沿着弱结构面扩展。由于弱结构面发育，水力压裂过程中会遇到弱结构面交叉的问题。此外，在重复压裂过程中，水力裂缝作为主力裂缝平行于最大主应力方向扩展，二次压裂时天然裂缝扩展，同样面临天然裂缝与水力裂缝相交的情况。建立交叉裂缝的概念模型如图 4.25 所示，假设裂缝为弱结构面(裂隙或未开裂，为了与水力裂缝区分，下面仍称之为天然裂缝)，裂缝将沿着弱结构面的某一条或多条路径扩展。且根据 W&T 准则，假设水力裂缝尖端钝化，不考虑水力裂缝尖端的奇异性。水力裂缝(HF)从左向右扩展，与天然裂缝(NF)的相交角度为 α。

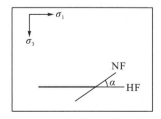

图 4.25　天然裂缝与水力裂缝相交

通过弹性力学，可以得到天然裂缝面上的应力分布：

$$\sigma_n = \sigma_1 \sin^2 \alpha + \sigma_3 \cos^2 \alpha \tag{4.32}$$

$$\tau = (\sigma_1 - \sigma_3) \sin \alpha \cos \alpha \tag{4.33}$$

根据莫尔-库仑定律，若天然裂缝面上的切应力超过抗剪强度时，裂缝面产生剪切破坏而发生滑移。

$$\tau = \tau_0 + k_f \sigma_n \tag{4.34}$$

综合式(4.32)～式(4.34)可得

$$(\sigma_1 - \sigma_3) \sin \alpha \cos \alpha = \tau_0 + k_f \left(\sin^2 \alpha + \sigma_3 \cos^2 \alpha - P \right)$$

$$\Rightarrow \frac{1}{2}(\sigma_1 - \sigma_3) \sin 2\alpha = \tau_0 + \frac{1}{2} k_f \left[\sigma_1 (1 - \cos 2\alpha) + \sigma_3 (\cos 2\alpha - 1) - P \right]$$

$$\Rightarrow (\sigma_1 - \sigma_3)(\sin 2\alpha - k_f \cos 2\alpha) - 2\tau_0 = k_f (\sigma_1 + \sigma_3 - 2P)$$

当考虑天然裂缝为可渗透节理时，上式中的缝内压力可表示为

$$P = \sigma_3 + P_\sigma \tag{4.35}$$

将式(4.35)代入，可得

$$\sigma_1 - \sigma_3 = \frac{2\tau_0 - 2k_f P_\sigma}{\sin 2\alpha + k_f \cos 2\beta - k_f} \tag{4.36}$$

式(4.36)即为 W&T 准则(Warpinski and Teufel，1987)中用以判断天然裂缝是否发生剪切破坏的判据。基于此可以得到天然裂缝剪切破坏时的缝内流体临界压力：

$$P_{\text{shear}} = \frac{2\tau_0 - (\sigma_1 - \sigma_3)\left(\sin 2\alpha + k_f \cos 2\beta - k_f \right)}{2k_f} + \sigma_3 \tag{4.37}$$

天然裂缝张开时的缝内流体临界压力：

$$P_{\text{open}} = \sigma_n = \sigma_1 \sin^2 \alpha + \sigma_3 \cos^2 \alpha = (\sigma_1 - \sigma_3) \sin^2 \alpha + \sigma_3 \tag{4.38}$$

天然裂缝拉伸破坏时的缝内流体临界压力：

$$P_{\text{ten}} = \sigma_n + T_{\text{NF}} = (\sigma_1 - \sigma_3) \sin^2 \alpha + \sigma_3 + T_{\text{NF}} \tag{4.39}$$

水力裂缝拉伸破坏时的缝内流体临界压力：

$$P_{\text{hten}} = \sigma_3 + T_{\text{HF}} \tag{4.40}$$

通过上述各式可以确定裂缝开启的压力条件。对于天然裂缝，若缝内压力能够使裂缝剪切破坏且达到裂缝开启压力，剪切裂缝开启。若缝内压力达到裂缝的张性破裂压力，则裂缝发生张性破坏并开启。对于水力裂缝，当缝内压力达到裂缝的张性破裂压力时，则发生张性破坏。裂缝破坏的条件总结如下：

天然裂缝剪切破坏并张开：

$$P = \{P \mid P > P_{\text{open}} \bigcup P > P_{\text{shear}}\} \tag{4.41}$$

天然裂缝发生张性破坏：

$$P = \{P \mid P > P_{\text{ten}}\} \tag{4.42}$$

水力裂缝发生张性破坏：

$$P = \{P \mid P > P_{\text{hten}}\} \tag{4.43}$$

当天然裂缝发生张开时，则水力裂缝被天然裂缝捕获，当水力裂缝发生破坏时，则水力裂缝穿过天然裂缝向前延伸。通过天然裂缝与水力裂缝不同逼近角度时不同开启压力的大小，确定不同破坏形式的开启难易程度。由于流体压力在裂缝内有压力传递，裂缝尖端的压力是逐渐增大的，因此当裂缝尖端的压力达到某种破坏形式的临界压力时，裂缝发生相应的破坏，由此可以判定裂缝相交时的扩展形态。

4.4.2　扩展形态分析

1. 理论分析

基于上述推导的水力裂缝与天然裂缝的相交扩展准则，选择参数进行计算，参数选择如表 4.7 所示。通过式 (4.37) ～式 (4.40) 可计算裂缝不同形式的开启压力，结果如图 4.26 所示。

表 4.7　裂缝参数的选择

参数	取值
天然裂缝的内聚力 τ_0	2MPa
水平最大主应力 σ_{H}	20MPa
水平最小主应力 σ_{h}	12MPa
水平地应力差值 $\sigma_{\text{H}} - \sigma_{\text{h}}$	8MPa
天然裂缝摩擦系数 k_f	0.2
天然裂缝的抗拉强度 T_{NF}	3MPa
水力裂缝的抗拉强度 T_{HF}	3MPa

由图 4.26 可知，在相交角度较小时 (0°～20°)，随着缝内压力上升，首先达到 P_{open}，但是此时天然裂缝并未发生剪切破坏，因此天然裂缝并不能张开。随后就是 P_{hten} 和 P_{ten}，此时因为两者的值接近，所以此时天然裂缝和水力裂缝同时张性开裂，裂缝的形态为水力裂缝穿过天然裂缝，并且被天然裂缝捕获，形成交叉裂缝。随着相交角度的增大 (20°～25°)，缝内压力首先达到 P_{open}，此时裂缝并未开裂，随后压力达到 P_{shear}，天然裂缝剪切破坏，此时天然裂缝剪切破坏并开裂，水

力裂缝未能穿过天然裂缝而是被天然裂缝捕获。当裂缝相交角度为 25°～40°时，缝内压力首先达到 P_{shear}，天然裂缝发生剪切破坏，此时压力尚未达到开启压力 P_{open}，随着缝内压力上升达到 P_{open}，天然裂缝发生剪切破坏并开启。相交角度为 40°～60°时，天然裂缝首先发生剪切破坏，但是并未达到开启压力，随着压力升高，首先达到水力裂缝张性开裂临界压力 P_{hten}，此时水力裂缝发生张性破坏，直接穿过天然裂缝，天然裂缝并不开启。当相交角度为 60°～90°时，缝内压力先达到水力裂缝张性开启压力，水力裂缝直接开启穿过天然裂缝。

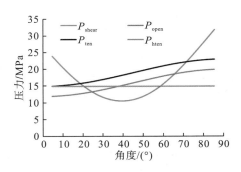

图 4.26　裂缝不同形式的开启压力

综上所述，在不同相交角度的情况下，相交裂缝的扩展形态可分为三类：在低角度时（0°～20°），水力裂缝和天然裂缝同时发生张性开裂，形成交叉缝网状态；在中等角度时（20°～40°），天然裂缝发生剪切破坏并开裂，水力裂缝未开裂，裂缝形态表现为发生转向；在高角度时（40°～90°），水力裂缝开启，天然裂缝未开启，裂缝形态为直接穿过天然裂缝。但是即使裂缝的扩展形态相同，其破坏机理并不一定相同，具体破坏形式应根据其破坏机理进行判定。

从破裂压力来看，在低角度和高角度时，均要达到水力裂缝的开启压力 15MPa，而中等角度时，则小于 15MPa。因此，当裂缝的相交角度为中等角度（本书为 20°～40°）时，裂缝更容易开裂，且裂缝路径发生转向，沿着天然裂缝扩展。从裂缝形态来看，低角度和中角度相交的裂缝更容易发生转向，只有裂缝向天然裂缝转向，裂缝的条数才会增多，裂缝网络才会形成。若是只有水力裂缝开启，则形成的只是一条裂缝，不能达到理想的压裂效果。

2. 数值模拟

通过数值模拟计算，分析不同裂缝间相交角度时裂缝的扩展形态，计算结果如图 4.27 所示。由图可知，当天然裂缝与水力裂缝相交角度较小时，水力裂缝与天然裂缝同时扩展，形成交叉裂缝。中等相交角度时，水力裂缝未能穿过天然裂缝，天然裂缝开启，裂缝发生转向。当天然裂缝与水力裂缝相交角度较大时，水力裂缝直接穿过天然裂缝，天然裂缝未开启。计算得到的结果与实际分析的结果类似，证明推导得到的裂缝交叉扩展准则的正确性。

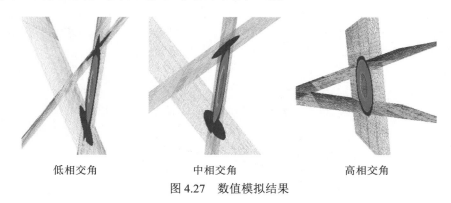

　　低相交角　　　　　　　　　中相交角　　　　　　　　　高相交角
图 4.27　数值模拟结果

4.4.3　裂缝相交时扩展形态的参数分析

图 4.27 中分析了不同逼近角时裂缝的扩展形态，根据扩展形态可分为三个区域，即低角度时的同时开裂、中角度时的转向扩展、高角度时的直接穿过。但是并不能确定低、中、高角度的范围。随着其他参数的变化，不同破坏形式的裂缝开启临界压力发生变化，不同裂缝形态的角度范围随之发生改变，因此分析不同参数对范围的划定以及形态扩展的影响有着重要的意义。

1. 水平最小主应力的影响

由式 (4.37)～式 (4.40) 可知，最小主应力 σ_3 在各式中均单独存在。若只是改变最小主应力的值，确定地应力差值的情况下，不同形式的临界压力变化值相同，各开启压力的差值并不发生变化，水平最小主应力变化不会造成角度范围的变化。因此在地应力差值相同的情况下，可以忽略水平最小主应力对裂缝扩展形态的角度范围划分的影响，但是由于其值增大各临界压力也会随之增大，所以最小主应力增大会增加裂缝开启的难度。

2. 天然裂缝内聚力 τ_0 的影响

天然裂缝的内聚力影响裂缝的剪切破坏，内聚力越大，裂缝抗剪强度越大。根据相交裂缝的扩展准则可知，内聚力只会影响 P_{shear}，两者为正相关关系。图 4.28 给出了不同内聚力时各临界压力的情况。

由图 4.28 可知，随着内聚力增大，天然裂缝剪切破坏的临界流体压力升高。当内聚力为 2MPa 时，天然裂缝剪切破坏并开裂的范围为 9°～40°；内聚力为 3MPa 时，天然裂缝剪切破坏并开裂的范围为 22°～40°；当内聚力为 4MPa 时，天然裂缝未发生剪切破坏，天然裂缝不能够剪切开裂。因此，天然裂缝的内聚力对相交裂缝的扩展形态具有重要的影响。内聚力较小时，天然裂缝发生剪切破坏并开裂的相交角度范围扩大，即中等角度的范围扩大。反之，当内聚力增大时，中等角度的范围缩小。随着内聚力增大，当对于任何相交角度 α，均满足 $P_{shear} > P_{hten}$ 时，天然裂缝未发生剪切破坏，此时天然裂缝不能开裂，水力裂缝直接穿过天然裂缝开裂，形成单一裂缝。

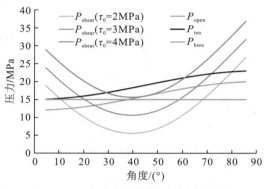

图 4.28　内聚力对各临界压力的影响

3. 天然裂缝摩擦系数的影响

根据相交裂缝的扩展准则可知，内聚力只会影响 P_{shear}，因计算不同摩擦系数 k_f 条件下的各临界压力曲线，结果如图 4.29 所示。由图可知，在 P_{shear} 曲线的两端，随着 k_f 增大，P_{shear} 减小，而在曲线中部，随着 k_f 增大，P_{shear} 增大。天然裂缝剪切破坏并开启的相交角范围随着摩擦系数的增大而增大，但是其影响的程度较小。天然裂缝面的抗剪强度受到摩擦系数和裂缝面上的法向应力共同作用，但是摩擦系数 k_f 的数值变化范围小于 1，数值上具有缩小效应，因此对天然裂缝的抗剪强度的影响较小。若天然裂缝法向应力增大，那么摩擦系数对天然裂缝的抗剪强度也会随之增大，但由于其自身的缩小效果，摩擦系数的影响没有内聚力 τ_0 的影响明显。

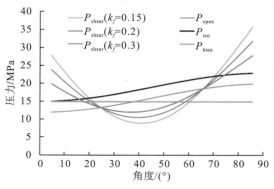

图 4.29　摩擦系数对各临界压力的影响

4. 地应力差的影响

地应力差 difS 对天然裂缝的张开有影响，对水力裂缝的张性开裂没有影响，通过计算可以得到不同地应力差值情况下的裂缝开启压力，计算结果如图 4.30 所示。

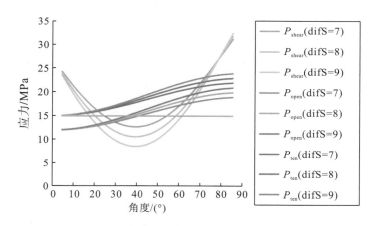

图 4.30　地应力差值对各临界压力的影响

由图 4.30 可知，P_{shear} 随着地应力差值增大而减小，P_{open} 和 P_{ten} 随着地应力差值增大而增大。因此，当地应力差值增大时，天然裂缝更容易发生剪切破坏，天然裂缝发生剪切破坏而张裂的左侧范围向左移动，即更小角度时发生剪切张裂。但是由于 P_{open} 随着地应力差值的增大而增大，天然裂缝张开的临界压力升高，因此天然裂缝剪切张裂的右侧范围也发生左移。根据相交裂缝的扩展准则，天然裂缝开裂(张性开裂和剪切开裂)的总体范围缩小。综上所述，地应力差值影响天然裂缝的开裂，随着地应力差值增大，天然裂缝开裂的相交角度范围变小，这意味着地应力差值大，裂缝相交角度更低时天然裂缝才能开裂。

5. 裂缝抗拉强度的影响

裂缝的抗拉强度影响自身的张性开裂，抗拉强度越大，发生张性开裂的临界压力越高。不同抗拉强度下的各临界压力如图 4.31 所示。图 4.31(a)为不同天然裂缝抗拉强度下的各临界压力情况，图 4.31(b)为不同水力裂缝抗拉强度下的各临界压力情况。

由图 4.31 可知，裂缝的抗拉强度只影响各自的张性开裂，随着抗拉强度的增大，裂缝所需的开启压力增大。当天然裂缝与水力裂缝的抗拉强度相同时，低相交角度时两者的数值接近，此时扩展形态为交叉裂缝。随着两者差值的变化，当天然裂缝的抗拉强度低于水力裂缝，低角度相交时，天然裂缝的张性开裂压力低于水力裂缝；当天然裂缝的抗拉强度大于水力裂缝时，则天然裂缝的张性开启压力大于水力裂缝。在一定的范围内，由于两者差值较小，水力裂缝与天然裂缝可以同时张性开启，形成交叉裂缝。因此天然裂缝与水力裂缝抗拉强度的差值是影响低角度范围时能否形成交叉裂缝的重要因素。

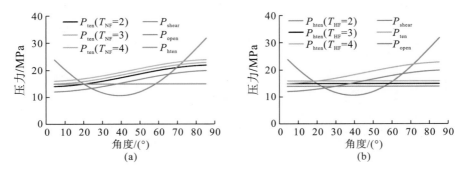

图 4.31　裂缝抗拉强度对各临界压力的影响

此外，水力裂缝抗拉强度还影响剪切开裂的右侧范围。由图 4.31(b) 可知，随着水力裂缝抗拉强度增大，水力裂缝开启难度增加，此时剪切开裂的范围扩大。因此，水力裂缝抗拉强度的增大会降低穿过天然裂缝形成单一裂缝的能力。

第 5 章　页岩真三轴压裂试验 及裂缝分布规律

水力压裂过程涉及水力裂缝端部效应、起裂、扩展、围岩应力应变、多相流运动、液体滤失、渗流、温度和天然裂缝等多因素影响，涉及应力场、应变场、渗流场、温度场等，是一个复杂的多场耦合问题，纯理论分析水力压裂过程有诸多不足。根据相似性原理，采用真三轴水力压裂物理模拟及声发射监测试验，研究水压条件下页岩损伤演化规律、裂缝动态扩展规律和声发射释放机制，可用于优化和指导实际压裂工程。岩石声发射与微震的机制本质上差异较小，因此采用室内声发射事件来研究水力压裂微震机制和微震波的释放规律。声发射装置实时监测裂缝的扩展方向，分析不同压裂阶段微地震的特征参数，解释裂缝的动态规律及微震释放机理。

5.1　页岩水力压裂试验方案与过程

5.1.1　试验方案及声发射监测布置

真三轴试验机模拟地层三向应力，伺服泵压系统控制排量和压力的变化，模拟水力压裂过程并监测水压力。声发射系统监测微地震信号以及进行震源定位，描述水力裂缝的轮廓，进一步推测水力裂缝的方位，压裂液中添加荧光剂，对水力裂缝的形态进行描述，可以与声发射监测的水力裂缝形态进行相互印证。试验的基本原理见图 5.1，实物见图 5.2。

试样取自四川盆地东南部下志留系龙马溪组页岩露头。试样尺寸 300mm×300mm×300mm，保持层理的水平，模拟页岩地层中的平行沉积层理，平行于层理方向进行水平井的设计钻孔，试样设计形状及尺寸如图 5.3 所示。

试验采用 6 个声发射传感器进行全过程数据采集和监测，见图 5.4。这样能保证试样内部声发射事件至少有 4 个传感器接收到同一信号，从而接收整个试样内部的声发射事件。

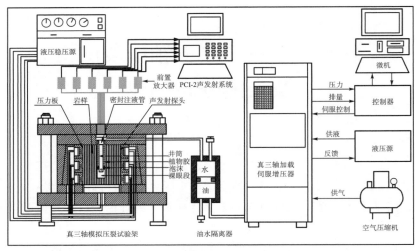

图 5.1　真三轴模拟水力压裂微震监测试验系统(陈勉等，2000)

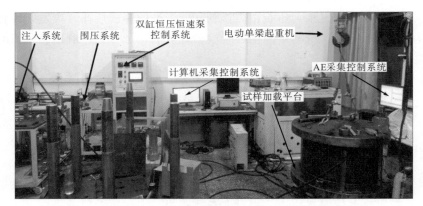

图 5.2　真三轴水力压裂物理模拟系统和声发射监测系统

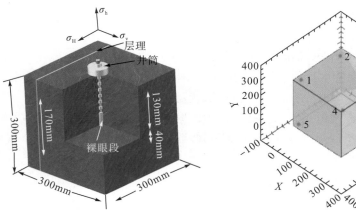

图 5.3　页岩试样示意图　　　　　　图 5.4　传感器布置位置示意图

5.1.2　试验系统及设备

1. 真三轴水力压裂物理模拟系统

真三轴水力压裂物理模拟系统主要由围压加载系统、压裂液加注系统、采集和控制系统组成。

1）围压加载系统

围压加载系统由硅油容器、液态泵、背压阀和管线等组成。围压加载系统由液压稳压施加三向应力模拟地应力，三向最大加压为 100MPa，压力传感器精度为 0.01MPa，完全可以模拟地下应力状态以及达到试验精度。加载试样尺寸为 300mm×300mm×300mm，加压板上开有引线槽，防止加压过程中损坏传感器信号线，见图 5.5。

图 5.5　围压加载系统试样加载平台

2）压裂液加注系统

压裂液加注系统由注入系统和助推系统组成，其中注入系统由活塞容器、注入介质容器、泥浆搅拌釜和推注系统组成。活塞容器前段为推注液体，后段为注入介质。将压裂液注入介质容器内，泥浆搅拌釜有支撑剂注入口和液体注入口，实验时按比例注入，计算机控制搅拌机调至需要钻速，搅拌均匀后用气压注入活塞容器。助推系统由双缸恒压恒速泵和助推液体容器组成。

3）采集和控制系统

数据采集系统用于采集压力、温度、流量及泵压等即时数值，可以监测和显示三向应力、入口压力、排量。控制系统主要控制围压加载系统和压裂液加注系统，该系统可以对三向进行增压、泄压和停止。

2. 声发射采集控制系统

1) PCI-2 声发射系统

采用美国物理声学公司 (Physical Acoustics Corporation，PAC) 生产的 PCI-2 声发射系统，可提供 8 通道，能够在加载过程中实现连续的声发射信号实时采集。系统配套 AEwin 软件对真三轴水力压裂物理模拟试验过程中的声发射 (acoustic emission，AE) 事件进行统计。

2) 声发射传感器

声发射数据采集过程中，监测的声波信号转化为数字信号，能在计算机上显示监测结果，同时通过 PCI-2 声发射系统对采集的数据进行多资料整合存储，从而进行二维和三维成像，动态显示声发射信息。声发射传感器需要选取灵敏度高、数据响应特性好、精确度高、稳定性强的传感器。本次声发射试验采用 6 个探头，其中 4 个传感器型号为 Micro-30S，2 个传感器型号为 NANO-30，传感器中心频率均为 300kHz，采样频率为 1MHz，能够在噪声环境中实现声发射信号的有效采集，传感器与试样之间涂抹凡士林保证耦合效果。

5.1.3   试验步骤及方案设计

1) 试样制备

制备页岩露头编号为 3#，如图 5.6 (a) 所示，尺寸为 300mm×300mm×300mm，误差范围为 ±5mm。沿平行层理面方向预制井眼，模拟水平井筒试验，水平井筒外直径为 10mm，内直径为 6mm，长度为 130mm，裸眼段 40mm，在钻孔底部位置切割一个环形诱导缝，缝宽约为 3mm，缝深约为 2mm。

2) 记录试验前裂缝形态

为方便记录和描述水力裂缝扩展形态和天然裂缝的沟通情况，将试样表面进行命名，表面具体命名为：1 面和 6 面为上下两个面，水平最小主应力的加载方向；2 面和 4 面为前后面，水平最大主应力的加载方向；3 面和 5 面为左右面，垂向主应力的加载方向。如图 5.6 所示，页岩层理明显，并且天然裂缝大角度穿过天然层理。

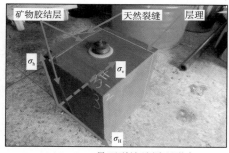

(a)1、2、3号面裂缝及层理形态

(b)4、5、6号面裂缝及层理形态

(c)1号面裂缝及层理形态

(d)2号面裂缝及层理形态

(e)3号面裂缝及层理形态

(f)4号面裂缝及层理形态

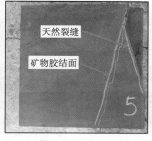

(g)5号面裂缝及层理形态

(h)6号面裂缝及层理形态

图 5.6　压裂前页岩露头表面裂缝及层理形态

3) 传感器定位布置

安装声发射传感器,声发射传感器的实际空间位置如图 5.4 所示。在 AEwin 软件中分别输入试样的尺寸以及传感器的坐标参数,传感器 S1～S6 坐标如表 5.1 所示。

表 5.1　声发射传感器坐标

坐标轴	S1	S2	S3	S4	S5	S6
X/mm	10	30	285	275	15	285
Y/mm	275	280	290	275	15	15
Z/mm	265	20	30	270	280	30

4) 调试声发射参数

根据断铅的试验结果，合理设置声发射参数，确保传感器与试样的耦合效果，保证信号采集的质量。确定门槛值为 34dB，模拟滤波器最低频率为 1kHz，最高频率为 400kHz，波形设置中，采样率为 1 百万次/s，记录长度 1000s。启动流式传输，采样率为 1 百万次/s，预触发设置为 1.024ms，记录长度 32.768ms。

5) 制备压裂液

结合现场数据以及试验目的，对注射速率和流体黏度进行缩放（采用非常低的注射速率和高的流体黏度），以便有足够的时间记录所测试的压力。本试验采用的压裂液黏度为 33.5mPa·s（水的黏度为 1mPa·s），排量为 10ml/min。压裂液中添加黄绿色荧光剂，方便观察水力压裂通道。

6) 安装围压和压裂装置

将试样与环形固定钢块和顶盖等固定在真三轴模拟压裂试验架上，如图 5.7 所示。

7) 施加地应力

启动围压加载系统完成地应力加载，水平最小主应力为 8MPa，水平最大主应力为 12MPa，垂向主应力为 11MPa。参数方位及坐标系如图 5.8 所示。

图 5.7 围压和压裂装置   图 5.8 三向围压加载示意图

8) 注入压裂液及启动声发射系统

微机控制压裂液加压和排量，并且数据采集系统在流体注射过程中记录所有数据。当入口压力达到 1MPa 左右，开启声发射采集控制系统，实时同步采集数据。启动水力压裂泵压系统 0.3min 后启动声发射采集控制系统，总共 3 次停泵：在 11.5min 时停泵，于 14min 时启泵；在 22min 时停泵，于 28min 时启泵；在 32min 时停泵，于 36.1min 启泵，直至破裂。

9) 完成试验

压裂试验完成后，平稳停止真三轴水力压裂物理模拟系统，对收集数据进行存储，对破坏试样表面进行描述，与试验前试样相比较。对试样进行剖切，通过压裂液中黄绿色荧光剂的分布，描述试样内部水力压裂裂缝扩展规律。

5.2　压裂方案及裂缝扩展

首先由页岩真三轴水平井水力压裂物理模拟试验获得水压力曲线、表面裂缝和水力裂缝，然后根据表面裂缝判断主裂缝面特征，水力裂缝判断水力裂缝的扩展、转向以及和天然裂缝之间的关系，综合分析不同压裂阶段水力压裂变化以及裂缝扩展规律。

5.2.1　水压力曲线

压裂过程中，水压力在达到峰值前后均出现波动的情况，表明压裂液进入天然裂缝后再次打开天然裂缝。水力压裂过程中，压裂曲线越复杂，说明沟通的天然裂缝越多，缝网越复杂。页岩存在的层理等复杂连续体一般比岩石的杨氏模量、抗压和抗拉强度更低，水力裂缝在弱质结构面扩展所需要的能量较低，因此，不规则连续体的存在为水力裂缝分叉转向提供了有利的条件（侯冰等，2014b）。水力压裂泵压曲线的增压过程，可能会有裂缝沟通天然裂缝、层理或胶结面。

本试验模拟页岩水平井压裂的过程，根据水压力变化规律分析不同压裂阶段水压力变化以及裂缝动态扩展规律，试验的控制参数见表 5.2。

表 5.2　试验参数

参数	数值	参数	数值	参数	数值
水平最大主应力/MPa	12.32	水平井半径/m	0.005	岩石弹模/GPa	20.665
水平最小主应力/MPa	8.05	套管内径/m	0.003	孔隙弹性系数	0.7
垂向主应力/MPa	11.43	套管泊松比	0.25	射孔深度/m	0.002
岩石固有抗拉强度/MPa	2.63	套管弹模/GPa	209	天然内摩擦角/(°)	20
孔隙流体压力/MPa	0	岩石泊松比	0.352	地层孔隙度	0.0365
排量/(ml/min)	10	黏度 μ/(mPa·s)	33.5		

根据上述试验参数，可以得到起裂压力与最大主应力方向的夹角之间的关系，如图 5.9 所示。图 5.9 为起裂压力与最大主应力方向夹角的变化规律，起裂压力与最大主应力方向夹角的变化呈上升趋势，张性破坏的破裂压力区间为 40.9～

44.7MPa，剪切破坏的破裂压力区间为 79.0～85.0MPa，剪切破裂压力是张性破裂压力的 1～2 倍，最大主应力方向的起裂压力最低。

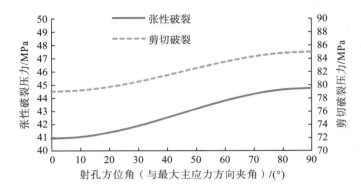

图 5.9　起裂压力与最大主应力方向夹角的变化规律

根据现场施工工艺以及实验室设备条件进行重复压裂模拟试验，试验进行了三次停泵启泵，具体停启泵时间以及水压力见图 5.10。

试验整个过程的水压力变化如图 5.10 所示，试验结果水压力曲线较复杂，形成较多裂缝，表明重复压裂能够形成复杂缝网，所以对增产有较大的影响。多次停泵启泵水压力变化较大，说明岩体内并未产生憋压，流体可能进入天然裂缝、层理等沟通水力裂缝，总之，停泵启泵过程中水力裂缝能够更好地沟通形成缝网。重复压裂技术作为一种重要的增产手段，在试验中也得到了很好的证明。

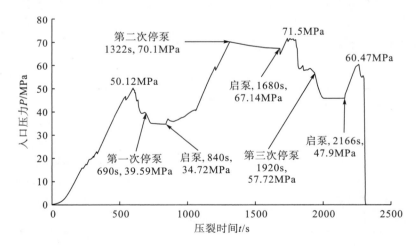

图 5.10　页岩试样水力压裂水压力曲线

根据理论计算张性破坏的破裂压力区间为 40.9～44.7MPa，剪切破坏的破裂压力区间为 79.0～85.0MPa，水压力曲线中有 3 个明显的峰值，分别为 50.12MPa、

71.5MPa 和 60.47MPa。发现水压力曲线中的压力明显低于理论计算结果,这是由于理论计算假设页岩储层为线弹性各向同性多孔介质饱和材料,未考虑天然裂缝以及弱质结构面等因素,以及试验所选取的岩样为页岩露头,未考虑孔隙水压力导致理论计算结果偏大。

总体来说,页岩试样在水力压裂破裂前,泵压曲线会有一定的波动,主要是裂缝首先会打开天然裂缝或形成微破裂,多次波动就是多次沟通天然裂缝并打开天然裂缝的结果。

5.2.2　表面裂缝

根据表面裂缝判断主裂缝面特征,将试验前后表面裂缝进行对比。通常水平井压裂的裂缝有四种典型的形态:纵向裂缝、横向裂缝、转向裂缝及扭曲裂缝(曲占庆和温庆志,2009)。如图 5.11 所示,1 号和 6 号面几乎没有形成新的裂缝,2、3、4、5 号面形成一个贯通的裂缝,主破裂面为垂直于最小主应力、垂直于井筒方向的横向裂缝。

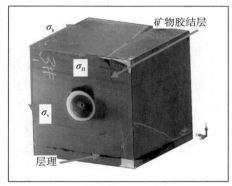

(a)试验前1、3、4面

(b)试验后1、3、4面

(c)试验前2、5、6面

(d)试验后2、5、6面

图 5.11　试验前后表面裂缝对比图

5.2.3　水力裂缝

1. 水力裂缝总体规律

为观察试样内部裂缝分布情况，将水力压裂试验后的页岩试件沿主裂缝进行剖分，试样的剖分过程如图 5.12 所示，从荧光剂的分布形态以及荧光剂的颜色程度可以找出主裂缝，对压裂过程中压裂液的路径进行分析，描述水力裂缝扩展规律。根据表面裂缝形态，由图 5.12(a)可以看出水力裂缝总体规律为垂直于最小主应力。

2. 裂缝扩展的转向及分叉

水力裂缝虽然总体垂直于最小主应力方向，但发现裂缝发生明显的转向。将试样进行剖分，首先沿层理面和主裂缝进行剖开，如图 5.12(b)所示，根据荧光剂程度判断水力裂缝及扩展方向，可以发现主裂缝面主要存在两条水力裂缝，一条是垂直于层理面方向，另一条是垂直于最小主应力方向。荧光剂主要分布在距层理较接近区域，大角度逼近层理面，说明水力裂缝的转向主要与层理有关。层理面只有上部(井筒出露)存在少量压裂液，并且未穿过层理面，说明水力裂缝易沿着层理面方向进行扩展，并且层理面内水力裂缝扩展方向为最小主应力方向。由于试样有矿物胶结层，沿矿物胶结层打开试样，可以发现矿物胶结层内有一分叉裂缝，分叉裂缝方向为大致垂直于层理面，如图 5.12(c)所示。沿矿物胶结层内裂缝剖开，如图 5.12(d)所示，可以看到一个裂缝面，水力裂缝近似垂直于矿物胶结层扩展，在胶结层裂缝主要沿着垂直地应力方向扩展，也就是垂直于层理面方向偏转，接近层理面附近时沿着最小主应力方向偏转。图 5.12(e)和图 5.12(f)可以明显看出分叉裂缝近似垂直向层理附近移动，压裂液并未穿过层理面。图 5.12(g)很好地说明主裂缝和分叉裂缝均向垂直于层理面方向扩展。

(a)沿主裂缝剖开

(b)沿主裂缝和层理剖开

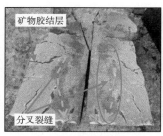

(c)沿胶结面剖开

(d)分叉裂缝剖开

(e)沿裂缝、胶结面和层理剖开

(f)沿主裂缝剖开

(g)沿裂缝、胶结面和层理剖开展布图

图 5.12　试样水力压裂后剖开过程图

水力裂缝较复杂，有两条主裂缝，一条是垂直于有层理面方向，之后沿着层理面进行扩展，最终压裂液从 3 号和 4 号面流出，即最大主应力方向流出；另一条是垂直于最小主应力方向，最终压裂液从胶结面对面(2 号面)流出。一条分叉裂缝垂直于胶结面，之后沿着胶结面进入层理面，并未穿过层理面和胶结面。裂缝转向主要是由于矿物胶结层、层理、内部天然裂缝等弱势结构面存在导致，水力裂缝转向主要近似垂直于弱势结构面方向。

5.3　裂缝扩展的声发射监测分析

5.3.1　水压力曲线与 AE 事件分布

将整个水力压裂模拟过程中获得的水压力曲线与声发射监测的数据进行汇总对比。如图 5.13 所示为压裂过程中的压力-时间-声发射计数关系曲线，可以看出 AE 监测与泵压曲线基本相对应，声发射与水力压裂泵压曲线的相关性非常好，微震监测数据与压裂过程有较好的一致性。压力降产生较多的声发射事件/撞击，水压力平缓时，产生的声发射数据较少。

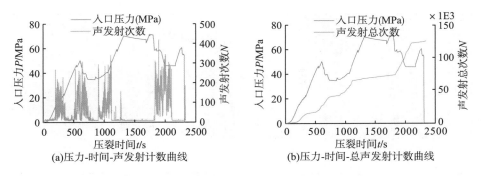

(a)压力-时间-声发射计数曲线　　　　　(b)压力-时间-总声发射计数曲线

图 5.13　压裂过程中的压力-时间-声发射计数关系曲线

结合水力压裂水压力曲线、试件表面裂缝、试件剖开裂缝以及声发射监测综合分析水力压裂裂缝扩展特征，如图 5.14 所示，可进行页岩裂缝动态扩展分析：

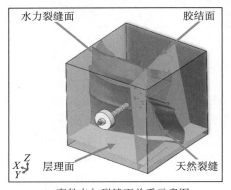

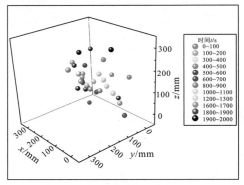

(a)事件点与裂缝面关系示意图　　　　　(b)事件点发生顺序示意图

图 5.14　裂缝形态扩展规律动态示意图

（1）首先发生微震信号的区域是在胶结层附近，应该是天然裂缝闭合产生微震信号。

（2）100～600s 内发生较多的微震事件，并主要集中在井筒附近，水力裂缝沟通微裂缝或天然裂缝，并集中在含有井筒地段的岩石中，方向主要垂直于井筒，沿最大主应力方向进行扩展，并且可以明显地观测到 100～600s 内事件点几乎在一个平面内，平面平行于井筒，说明裂缝发生转向，水力裂缝形成分叉裂缝，并发生转向，水力裂缝主要是沿着最大主应力方向扩展，遇到胶结层时发生分叉及转向。

（3）600s 左右井口压力发生突降，根据模型重构以及声发射事件点位可以判断，水力裂缝遇到胶结层，压裂液进入胶结层发生压力突降。

（4）800～1700s 内，发现声发射定位先位于胶结层附近，之后集聚于井筒附近，位于主裂缝下部，水力裂缝发生分叉。

（5）1700～1900s 内，事件点大部分发生于含有井筒的岩层内，裂缝发生转向，方向平行于最小主应力方向，发现层理面附近监测到事件点，压裂液进入层理面，1797s 时井口压力突降。

（6）1900～2313s 内，水力裂缝沿着胶结层，压裂液从试样表面流出。

总体来说，页岩水力裂缝缝网的形成，和天然裂缝、层理、矿物胶结面等密切相关。页岩气开采过程中，井筒的方位、走向对产量影响很大。

5.3.2 声发射信号时频分析

声发射波形信号中含有大量震源的信息，频率由震源决定。声发射信号的频谱特征能体现震源特征，水力压裂过程中对微震信号的频谱特征进行统计分析是微地震事件的判别依据之一。微地震事件是一个非稳态信号，持续时间较短，因此可以利用时频分析方法对整个压裂过程中的微地震进行统计分析。

1. 时频分析方法

时频分析比传统的频谱分析能够凸显非稳态信号的局部时变特征。时频分析方法众多，根据不同时频变换方法的特性进行分析，主要有以下方法。

1）傅里叶变换（Fourier transform，FT）

处理平稳、线性和高斯信号最常用、最主要的方法是 Fourier（傅里叶）变换。傅里叶变换能够使信号从频域到时域相互转换，但总体上的变换并不能显示局部分量，即某一时间段内的频率（葛哲学和陈仲生，2006）。

2）短时傅里叶变换（short-time Fourier transform，STFT）

短时傅里叶变换是在传统傅里叶变换的基础上为了处理时域和频域的局部化问题而提出的一种分析方法。假定非平稳信号在短时窗内是平稳的，给定一个时间很短的窗函数 $\eta(t)$，由于 STFT 必须选取窗函数，窗函数选择过短则分辨率过低，反之，则对非稳定信号不适用，所以很难找到一个合适的短时窗。

3）连续小波变换（continuous wavelet transform，CWT）

连续小波变换用一定的尺度域来表示频域，即时间-频率采用时间尺度的分析方法，是处理非平稳信号的一种常用方法。连续小波变换具有长度可变的窗函数，根据小波基的变换会产生不同的结果，在应用到实际问题上要通过经验或大量实验确定。小波分析在频域边缘处能量严重泄露，低频部分产生较高的频率分辨率，高频部分产生较高的时间分辨率。

4) 同步压缩小波变换(synchrosqueezing wavelet transform，SWT)

Daubechies 等(1996，2011)基于连续小波变换理论，提出同步压缩小波变换的方法，提高时频图上的精确性及分辨率。

5) 经验模态分解(empirical mode decomposition，EMD)

经验模态分解法由 N.H.Huang 等提出，基于经验的模式分解，将信号分解成不同的数据序列，每个数据序列被称为本征模函数(intrinsic mode function，IMF)，每个 IMF 分量均满足 Hilbert 变换，使用 Hilbert 变换求解信号的瞬时频率，在研究局部特征方面有独特优越性(孙艳争，2007；任龙涛，2009)。EMD 是一种将信号分解的方法，把信号的幅度和频率分解开来，打破了原 Fourier 变换的限制，对于复杂信号精确的包络线、多次迭代、阈值等精细化问题处理具有很大的优势，但该理论发展时间较短，需要完善，且容易造成模式混淆的概念。

2. 模拟噪声信号时频分析

模拟信号 $y=0.5 \cdot \sin(2 \cdot 50000 \cdot \pi \cdot t)+2 \cdot \sin(2 \cdot 150000 \cdot \pi \cdot t)$ 在噪声情况下对信号时频变换的影响，y 由两个主频和幅值分别为 50kHz 和 0.5、150kHz 和 2 的正弦波组成，在原信号 y 中添加以零均值方差为 0.25 的高斯白噪并记为 y'，根据公式(5.1)计算得出信噪比为 15dB(王鹏等，2015)。

$$SNR = 20 \times \lg\left(\frac{E_{signal}}{E_{noise}}\right) \tag{5.1}$$

式中，SNR 为信噪比；E_{signal} 为原始信号的能量；E_{noise} 为噪声的能量。

加噪后的波形以及时频分析如图 5.15 所示。如图 5.15(a)所示，噪声对信号有较大的影响。如图 5.15(b)所示，傅里叶变换可以看出两个明显的频率，分别为 150kHz 和 50kHz，最大频率的幅值约等于第二频率的 3 倍，加噪信号对傅里叶变换的影响较小。加噪对 STFT、CWT、SWT 影响较大，大致可以看出能量最多的频率在 150kHz 和 50kHz，分辨率明显降低，STFT 相比 CWT 和 SWT 的分辨率较低，经过大量的调整可以获得清晰的时频图，但是比较费时，不推荐用此方法进行时频分析。CWT 和 SWT 端部有明显的能量扩散现象。如图 5.15(f)所示，EMD 分解的 IMF 分量和分量的频谱特征，可以明显看到每个 IMF 分量中每组分波的信息，可以找到最大的频率，是提取主频的一种方法。信号仅分解至四阶分量，第一层分解可以看出最大的频率在 150kHz，第二层分解可以看出最大频率在 150kHz 和 50kHz，第三层分解是在 50kHz，之后的分解便没有意义了。EMD 能够将信号进行分解，第一层分解是较明显的，之后的信号可能受之前一层分解的影响。

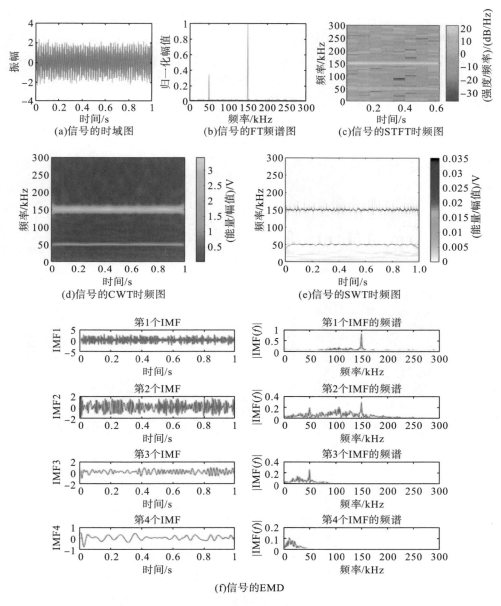

图 5.15　模拟信号的时频分析变换

3. 水力压裂信号时频分析

使用水力压裂过程中的声发射信号进行时频变换，如图 5.16 所示。可以看出微震信号衰减较快，傅里叶变换可以看出频率主要分布在 30～70kHz，之后再无明显的高幅值；连续小波变换的分辨率较高，可以比较明显地看出能量最多的频率在 50～60kHz 附近；同步压缩小波变换可以明显看出峰值在 50～60kHz 附近，相比连续小波变换更突出。信号经过经验模态分解后的 IMF 分量以及各分量的频谱特征如图 5.16(e)所示，第一层分解可以看出最大的频率在 50～60kHz 附近，第二层分解可以看出最大频率在 40～50kHz，之后分解的频率越来越低。

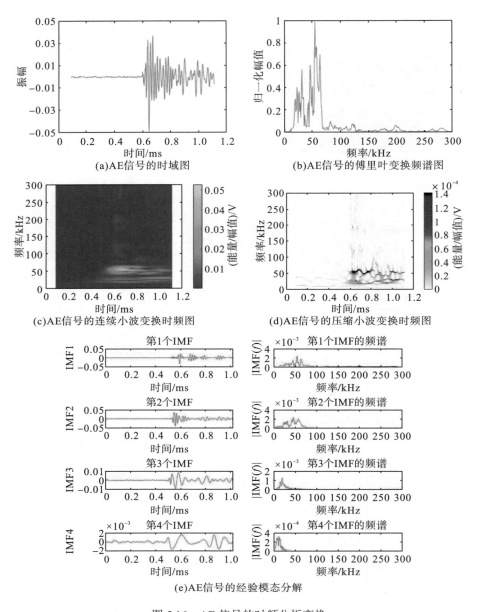

(a)AE信号的时域图   (b)AE信号的傅里叶变换频谱图

(c)AE信号的连续小波变换时频图   (d)AE信号的压缩小波变换时频图

(e)AE信号的经验模态分解

图 5.16　AE 信号的时频分析变换

总体来说，时频分析过程中主频是一个明显的特征，几种分析方法对获取最大频率的影响较小。将整个试验过程中的主频和幅值进行提取，将应力状态和声发射数据进行对比分析，根据频谱图提取主频，主要采用傅里叶变换的方法提取。

5.3.3　水力压裂的声发射特征分析

1. 主频特征与声发射释放机制

根据李林芮(2017)的研究，对大理岩、玄武岩、闪长岩、粗粒花岗岩和细粒花岗岩进行直接拉伸、劈裂和单轴压缩试验，发现岩石声发射的双主频带现象是岩石微观破坏的固有现象，岩石的低主频带能量从直接拉伸到劈裂到单轴压缩过程中逐渐减少，高主频带信号占比及能量占比逐渐增加。此处对本试验声发射信号进行频率统计，研究主频特征，分析水力压裂过程中，页岩的破裂类型是直接拉伸、剪切破坏还是复合破坏。

1)主频统计规律

整个压裂过程中提取的最大主频为293kHz，将声发射主频分为30个主频段，每个主频段的长度为10kHz，具体范围如表5.3所示。

表 5.3　主频分段范围表

主频段	主频范围/kHz	主频段	主频范围/kHz	主频段	主频范围/kHz
1	0～10	11	101～110	21	201～210
2	11～20	12	111～120	22	211～220
3	21～30	13	121～120	23	221～230
4	31～40	14	131～140	24	231～240
5	41～50	15	141～150	25	241～250
6	51～60	16	151～160	26	251～260
7	61～70	17	161～170	27	261～270
8	71～80	18	171～180	28	271～280
9	81～90	19	181～190	29	281～290
10	91～100	20	191～200	30	291～300

将0～100kHz定义为低主频，提取结果如图5.17所示。可以看出水力压裂过程中声发射信号大致呈双主频带特征，低主频占总数的97.84%，其中31～40kHz占比最大，达到25.11%，高主频段231～240kHz为0.76%。水力压裂过程中监测到的低主频占比非常高，反之，高主频极少。根据李林芮(2017)的研究成果可以判断，水力压裂表现为拉伸破坏。

2) 双主频带信号随泵压的变化规律

将主频与压力曲线结合分析，如图5.18所示，主频与水力压裂泵压曲线的相关性非常好，高主频主要是破裂现象明显或产生转向的时候较多，微破裂主要产生低主频信号。

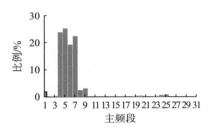

图 5.17　声发射主频规律图

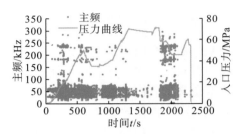

图 5.18　声发射主频-水力压力规律图

3) AE 幅值与主频的规律

声发射信号所携带的能量与信号幅值平方呈正相关性。分析振幅与主频之间的关系，如图5.19所示，明显看出较高振幅均分布在低主频处，高主频高振幅的信号较少。最大振幅分布在100dB，并且释放的能量主要是以低主频的形式释放，高主频释放的能量较少。总体分析可得水力压裂过程中释放的能量绝大部分是低主频声发射信号。

4) AE 幅值与水压力曲线规律

分析振幅与压力曲线的关系，如图5.20所示，在发生明显的破坏情况下，振幅明显较大，符合岩石的破裂规律。重复压裂后声发射的能量有明显的密集现象，说明重复压裂能产生较复杂的缝网，可能发生裂缝转向、分叉等现象，增大缝网面积，提高产气量。

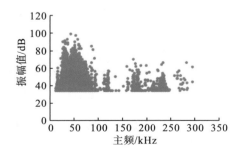

图 5.19　振幅与主频关系点图

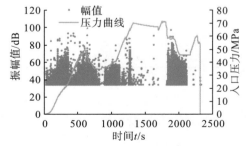

图 5.20　振幅与入口压力关系图

2. 声发射参数与声发射机制

水力压裂过程中水压升高导致不断出现微裂缝，水压力达到破裂压力后，形成宏观水力裂缝。单个声发射信号对整个水力压裂过程没有实际意义，根据水力压裂过程中声发射信号的特征分析整个压裂过程中的声发射信号趋势。根据声发射参数的比值判断破裂类型是一种比较简单易懂的方法，此种方法只是一种规律，并且张拉破坏和剪切破坏的明确斜率关系是根据混凝土试件四点剪切试验总结出的规律，不同材料之间的比例并没有明确的定义和证实。本试验采用大尺寸试件，水力压裂过程中产生的声发射参数与混凝土四点剪切过程中声发射参数数量级可能不同。

幅度和电压的转换公式如下（RILEM TC，2010），常见整数幅度 dB 对应的传感器输出电压值如表 5.4 所示：

$$dB = 20 \log \left(\frac{V_0}{V_i} \right) \tag{5.2}$$

式中，V_0 为输出电压，V；V_i 为输入电压，V。

表 5.4　常用整数幅度对应的电压值

dB	0	20	40	60	80	100
V_0	1μV	10μV	100μV	1mV	10mV	100mV

可以利用声发射信号参数中的平均频率（AF）和上升时间/振幅比值（RA）来分析水力裂缝扩展信号规律。图 5.21 是关于水力压裂过程中泵压、AF 和 RA 值随时间的变化曲线，总体看出水力压裂过程中 RA 值的变化和 AF 的变化趋势与泵压均有一致的相关性。图 5.21（a）可以看出，实验室条件下的水力压裂最大平均频率为 1000kHz，并且 AF 大量处于 0～100kHz，说明水力压裂微破裂产生低频率的信号，出现明显破裂产生的应力降会产生高频率信号。图 5.21（b）可以看出，实验室条件下水力压裂过程的 RA 值处于 0～25s/V，RA 值与泵压曲线有良好的一致性，说明采用 RA 值判定破裂模式具有一定的准确性，随着每条裂缝的形成（应力降）RA 值呈抛物线模式变化。图 5.21（c）可以看出，水力压裂前期 RA 的变化与 AF 的变化在低频率（0～100kHz）阶段呈负相关性，由于 0～100kHz 信号占比较大，将信号以 100kHz 为界分为两组进行观察。

图 5.22 为在 0～100kHz 和大于 100kHz 情况下的 AF 和 RA 值的变化规律，可以看出 AF 和 RA 值的变化趋势总是相反的，RA 值的变化幅度高于高频率下的RA 值，AF 的变化速率高于 RA 值。AF 不超过 100kHz 情况下，AF 分布较为均匀，RA 值变化的范围为 0～25s/V，范围较广，但分别大量集中在 0～20kHz 以及0～5s/V，AF 的变化速率高于 RA 值的。AF 大于 100kHz 情况下，AF 分布范围较

广，但多集中在 250kHz、333kHz、500kHz、1000kHz 处，RA 值变化的范围为 0～1s/V，分别大量集中在 100～200kHz 以及 0～0.1s/V。由于试验是重复压裂导致数据有较高的随机性和波动性，每一次 AF 以及 RA 值聚集可以大致判断产生了明显的裂缝，根据两者之间的比值判断裂缝产生的类型。

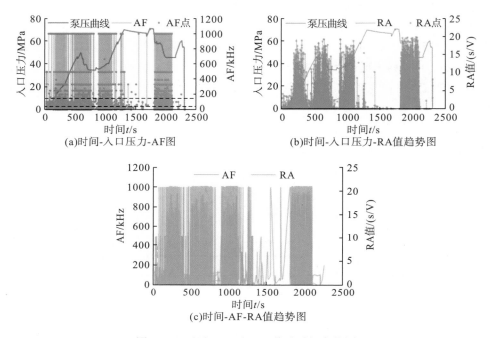

图 5.21　泵压、AF 和 RA 值随时间变化图

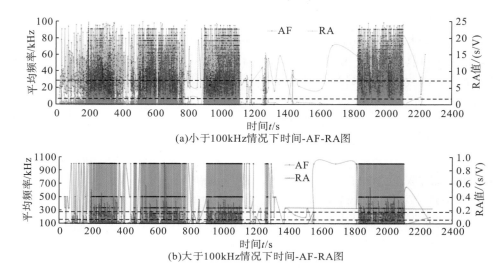

图 5.22　在小于 100kHz 和大于 100kHz 情况下的 AF 和 RA 值的变化规律

采用 Ohno 和 Ohtsu（2010）的类似的方法进行取值，以 RA 和 AF 为坐标轴建立坐系，如图 5.23（a）所示，纵坐标与横坐标刻度之比设置为 100，蓝色虚线为断裂模式分界线，之上为张拉破坏，之下为剪切破坏，发现整个压裂过程中剪切破坏和拉伸破坏比较均匀。图 5.23（b）总结了整个水力压裂过程中的破裂模式，产生拉张裂缝占 49.70%，剪切微裂缝占 50.30%。试验结果表明页岩水力压裂过程中地应力差越小、受力情况越复杂、越不均匀，产生的剪切破坏越多。

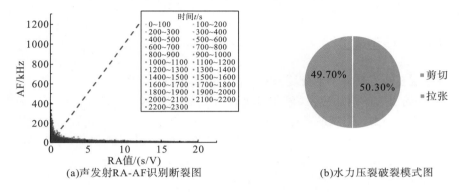

(a)声发射RA-AF识别断裂图　　　　　　　(b)水力压裂破裂模式图

图 5.23　声发射参数判断破裂模式图

水力压裂过程中的声发射参数表现出相对稳定，RA 和 AF 总是相反的变化趋势。在水力压裂的不同阶段，岩石的微裂缝产生机制会发生很大的变化。微裂缝主要是在断裂开始前由剪切破坏引起的，然后流体开始渗透到原始微裂缝中，导致断裂后的拉伸破坏。

由上述研究可得出页岩水力压裂整体破坏形式为拉伸-剪切混合破裂机制，当水力裂缝遭遇天然裂缝、层理、胶结层等弱质结构面以及转向、分叉、应力状态复杂会产生剪切破坏，均匀岩体易产生拉伸破坏。

第6章 页岩水力裂缝扩展机理的数值模拟

6.1 单裂缝扩展的数值模拟

6.1.1 模型建立

水力压裂施工是一个十分复杂的过程，受到各种地质环境的影响，诸如构造应力、压裂井筒引起的附加应力、射孔引起的附加应力、压裂液渗漏引起的附加应力、岩石内部孔隙应力、岩层的各向异性、非均质性、岩石缺陷等各种因素。在这些因素的综合作用下，水力裂缝的受力状态非常复杂。为方便对储层中水力裂缝在某具体因素下的扩展动态进行模拟，对数值模型做出以下几点假设：

(1) 储层岩石介质是均匀且各向同性的；

(2) 储层岩石在线弹性状态不受内部微裂缝影响；

(3) 不考虑井筒对地应力场分布的影响，只在模型中设置射孔，且将射孔设置为具有一定初始张开度的裂缝；

(4) 不考虑储层岩石和压裂液发生物理化学作用；

(5) 不考虑温度场对裂缝扩展产生的影响。

依据上述假设，建立页岩储层水力压裂的二维数值模型，分析在页岩储层内部注入压裂液后水力裂缝的起裂和扩展动态，数值模型如图 6.1 所示。

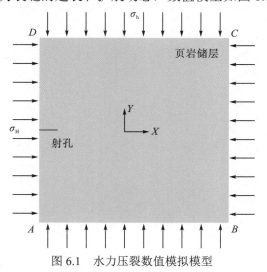

图 6.1　水力压裂数值模拟模型

模型的尺寸为 10m×10m，射孔长为 0.25m，起始端点位于 AD 边的中点处，方向为 X 方向。

模型的边界条件为：AD 为对称边，处于井筒位置；DC、CB、BA 边距离裂缝较远，采用 0 位移约束，同时将它们的孔隙水压力边界设置为地层初始孔隙水边界，并在整个分析过程中保持不变。

模型初始状态：水平最大主应力为 σ_H，方向与射孔方向相同（X 方向），水平最小主应力为 σ_h，方向垂直于射孔方向（Y 方向）；假设模型具有初始孔隙度，孔隙中充满液体，为饱和岩石材料。地层具有一定的初始孔隙水压力 P。

通过在射孔（即初始裂缝）左端点所在的节点处施加一定流体流速，模拟施工时压裂液的注入。模型计算时间为 100s，压裂液注入率（流体流速）在 1～10s 之间逐渐由 0 上升至指定值，之后注入率维持不变至 100s，即本次模拟只考虑压裂施工中压裂液注入阶段，未考虑压裂液停泵以及携砂液注入阶段。在模型周边施加的水平最大主应力和最小主应力分别为 30MPa 和 20MPa。

模型介质材料参数和水力压裂参数分别如表 6.1 和表 6.2 所示。

表 6.1　模型介质物理力学参数

弹性模量 E/GPa	泊松比	抗拉强度 σ_t/MPa	临界能量释放率 /(kN/m)	渗透系数 /(m/s)	初始孔隙度
22.60	0.25	2.00	214.00	1.42×10^{-9}	0.037

表 6.2　水力压裂参数

流体黏度/(kPa·s)	滤失系数/[m³/(kPa·s)]	初始孔隙水压力/MPa	注入速率/(m³/s)
1×10^{-6}	5.88×10^{-11}	10.00	9.6×10^{-6}

模型网格划分如图 6.2(a) 所示。本模型中，裂缝沿 X 方向扩展，因此为了提高计算过程的精度，对射孔附近区域特别是沿 X 方向进行加密，在加密区每个单元沿 X 方向的长度为 0.01m，如图 6.2(b) 所示。单元类型选择 CPE4P 单元（四节点平面应变单元，双线性位移，双线性孔隙水压力），共 57 223 个单元。

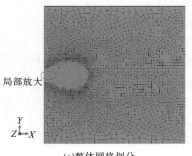
(a)整体网格划分

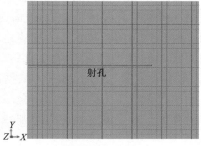
(b)射孔区域网格划分

图 6.2　水力压裂数值模拟模型网格划分

6.1.2　裂缝扩展时主应力场变化

为了分析水力裂缝起裂以及扩展时的应力变化特征，取射孔尖端单元起裂并往前扩展一个单元的这个时间段的应力场进行研究。图 6.3 为射孔尖端单元从注水开始至23s的最小主应力的变化曲线；图 6.4 (a)、(b)、(c)、(d) 分别为第 13.39s、13.44s、13.93s、13.98s 的最小主应力场，分别对应射孔尖端单元起裂、张开、裂纹往右扩展至射孔尖端第 2 单元时该单元的起裂和张开；图 6.5(a)、(b)、(c)、(d) 则是同图 6.4 相对应时刻的孔隙水压力。

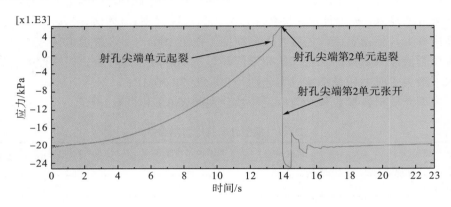

图 6.3　射孔尖端单元最小主应力变化特征

从图 6.3 可以看出，随着压裂液注入，在射孔内部水压力的作用下，射孔尖端单元最小主应力逐渐从压应力转变为拉应力。进一步结合图 6.4 最小主应力场分布特征和图 6.5 孔隙水压力特征进行分析。在第 13.39s 时射孔尖端单元的拉应力达到临界抗拉强度，此时射孔尖端单元起裂。在第 13.44s 时，射孔尖端单元张开，此时该单元的拉应力迅速上升，依据该时刻孔隙水压力特征［图 6.5(b)］分析其原因，主要是由于该单元张开，压裂液注入到单元裂缝内并通过裂缝面渗入基质，导致单元存在极大的孔隙水压力梯度，且其方向和裂缝扩展方向一致，进而促使射孔尖端单元拉应力急剧增加。至第 13.93s 这一时间段，压裂液不断渗入基质内，射孔尖端的孔隙水压力梯度也逐渐降低，使得射孔尖端单元拉应力的增长速率变缓，在第 13.93s 射孔尖端第 2 单元的拉应力达到起裂临界状态。在第 13.98s，射孔尖端第 2 单元张开，依据图 6.5(d) 的孔隙水压力分布特征，在射孔尖端单元的孔隙水压力急剧增加，孔隙水压力梯度增加并不大，在孔隙水压力影响下，射孔尖端单元的主拉应力急剧减小并转为压应力。

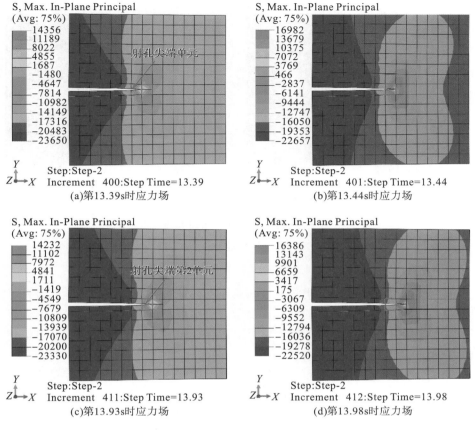

图 6.4　射孔尖端裂缝起裂及扩展时最小主应力场特征

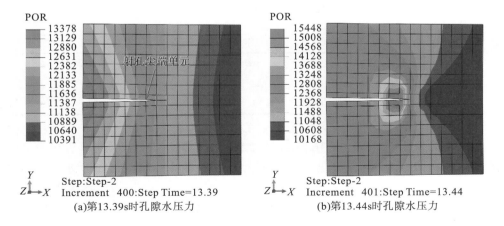

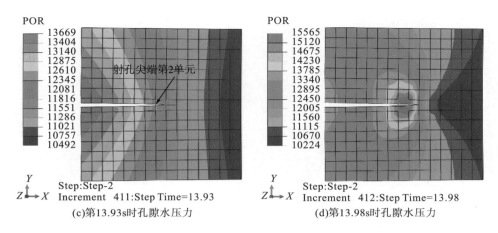

(c)第13.93s时孔隙水压力　　　　　　(d)第13.98s时孔隙水压力

图 6.5　射孔尖端裂缝起裂及扩展时孔隙水压力特征

6.1.3　参数影响分析

虽然页岩储层的岩层种类相同，但对于不同地区的页岩，其力学性质有可能差距较大；即使是同一储层的页岩，由于岩石中微小缺陷的分布差异、构造应力等因素的影响，不同地点岩层的力学性质也存在差异。这些力学性质上的差异也是影响水力裂缝扩展的主要因素。

为了分析页岩力学性质对水力裂缝扩展的影响，我们通过改变计算参数，讨论页岩的弹性模量、抗拉强度、泊松比等参数变化对水力裂缝扩展的影响，表 6.3 给出了这些参数的取值范围。在改变其中一个参数的基础上，保持其他参数不变，进行裂缝扩展的数值计算，分析在相同的注入率以及相同的注入时间(100s)下裂缝扩展的最大裂缝宽度及裂缝长度的变化规律。

表 6.3　页岩力学参数取值方案

弹性模量/GPa	22.6	21.6	20.6	19.6	18.6	17.6	16.6
抗拉强度/MPa	2.0	3.0	4.0	5.0	6.0	7.0	8.0
泊松比	0.09	0.13	0.17	0.21	0.25	0.29	0.35

页岩的弹性模量取值在 16.6GPa 至 22.6GPa 之间，选择不同的弹性模量值进行数值模型计算，并记录其最大裂缝宽度和长度，结果如图 6.6(a) 所示。从图中可以观察到，随着弹性模量的增大，计算结束时(100s)的裂缝扩展长度呈线性显著增加，也即裂缝扩展的速率随着弹性模量的增加而增加；而最大裂缝宽度基本呈线性减小。因为页岩弹性模量越大，在裂缝扩展前页岩所积累的弹性应变能越大，越易达到临界状态，裂缝扩展越快。

在 2MPa 至 8MPa 范围内改变页岩的抗拉强度，分析计算最大裂缝宽度和裂缝扩展长度的变化，其结果如图 6.6(b)所示。最大裂缝宽度随着抗拉强度的增加而增加，裂缝扩展长度随着抗拉强度的增加而减小，二者均大致呈线性状态。在相同的注入率下，抗拉强度越大，其破裂所需的水压力越大，需要注入水的时间越长，裂缝扩展速率越慢。图 6.6(c)为泊松比对裂缝扩展状态的影响规律，可以看出泊松比对水力裂缝扩展状态的影响较小，但泊松比的增加仍会导致最大裂缝宽度和长度缓慢变化，分别呈现减小和增加的趋势。

　　综合分析可以看出，其他条件相同的情况下，当在弹性模量小、抗拉强度大、泊松比小的页岩储层中进行水力压裂时，较易压裂出扩展长度小而裂缝宽度大的水力裂缝；而弹性模量大、抗拉强度小、泊松比大的储层将更容易产生长而窄的水力裂缝。

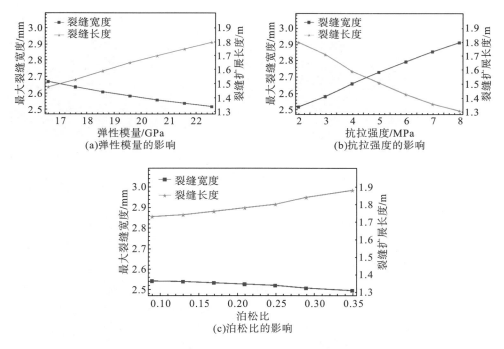

图 6.6　页岩力学性质参数对水力裂缝扩展状态的影响

6.2　水力裂缝扩展的三维数值模拟

　　实际水力压裂是一个复杂的过程，多种因素影响水力压裂效果，例如：构造应力、水平井井筒引起的应力重分布、射孔引起的应力重分布、压裂液滤失、层理、页岩各向异性、天然裂缝等因素。

6.2.1 模型建立

1. 几何模型

根据 6.1 节基本假设，考虑到计算效率、内部对称性等原因，建立三维半对称模型。模型尺寸为 150mm×300mm×300mm，井筒方向为最小主应力方向，井筒直径为 16mm，井筒深度为 170mm，预制天然裂缝为椭圆形，如图 6.7 所示。模型网格划分如图 6.8 所示，对井筒附近以及注水段网格进行加密，最大网格尺寸 30mm，最小网格尺寸 10mm，网格单元选择 C3D8RP（三维八节点线性缩减积分位移和孔隙压力单元），单元个数为 8709 个。

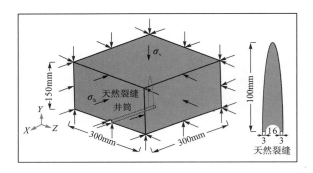
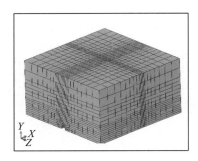

图 6.7 三维水力压裂数值模拟模型示意图　　图 6.8 三维水力压裂数值模型网格划分

2. 力学模型

模型边界条件：模型地面（含井筒）为对称面，其余面采用位移约束，每个表面设置地层初始孔隙水压力边界，整个分析过程中保持不变。

模型力学状态：水平最大主应力方向和天然裂缝方向相同，为 Y 方向；水平最小主应力方向为平行井筒方向；初始孔隙度为 0.037，饱和度为 1，即储层处于饱和状态；初始孔隙水压力为 0MPa。

预制天然裂缝表面处设置一定的流体流速，模拟水力压裂过程中压裂液注入阶段，注入速率采用物理试验的数值进行模拟。

3. 材料模型

损伤的初始和演化结合试验的结果，采用最大主应力准则。由于水力压裂过程中裂缝的位移比较难以监测，所以采用应变能释放率作为损伤演化的判据。在模型周边施加的垂向主应力、水平最大主应力和最小主应力分别为 11MPa、12MPa 和 8MPa。水力压裂数值模型所采用的参数如表 6.4 和表 6.2 所示，其中此处的注入速率为 $1.67×10^{-7}m^3/s$。

表 6.4 模型介质物理力学参数

弹性模量 E/GPa	泊松比	抗拉强度 σ_t/MPa	临界能量释放率 /(kN/m)	渗透系数 /(m/s)	初始孔隙度
20.00	0.25	3.00	28.00	$1.42×10^{-9}$	0.037

6.2.2 模型验证

为分析模型的合理性以及为模型的后续分析提供依据，从地应力平衡、水力裂缝扩展方向、水压力来综合分析模型的准确性。

1. 地应力平衡

首先对模型进行地应力平衡，考虑三向应力、孔隙度、弹性模量和泊松比等基础力学参数，结果如图 6.9 所示，可以看出模型的垂直沉降及总沉降数量级均处在毫纳米级，可以忽略不计。计算结果和物理模拟实测结果吻合较好，说明模拟结果真实有效，可以作为后续分析模型。

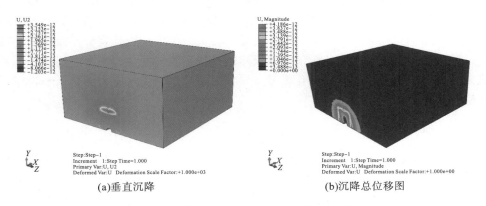

(a)垂直沉降   (b)沉降总位移图

图 6.9 数值模拟地应力平衡结果位移场云图

2. 水力裂缝扩展方向

物理试验中水力主裂缝面为垂直于最小主应力，垂直于井筒方向的横向裂缝，如图 6.10(a)所示，本模型的计算结果如图 6.10(b)所示，可以看出物理模拟和数值模拟所获得的水力裂缝扩展方向类似，由于数值模拟的模型进行了大量的化简，局部裂缝扩展形态可能存在一些差别，但总体裂缝扩展方向均垂直于最小主应力方向，形成了垂直于井筒方向的横向裂缝，以及模型中距离井筒较远处有部分裂缝在最大主应力方向有微小偏移，说明模型的建立具有一定的合理性。

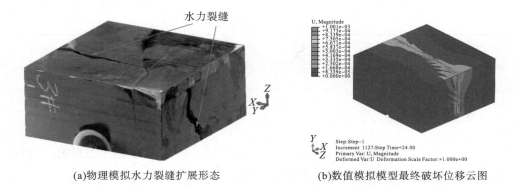

(a)物理模拟水力裂缝扩展形态　　　　　(b)数值模拟模型最终破坏位移云图

图6.10　物理试验和数值模拟水力裂缝扩展形态对比图

3. 水压力

将物理模拟与数值模拟的水压力进行对比分析，如图6.11所示两条水压力曲线均存在明显波动，数值模拟与物理试验的水压力曲线具有一定的相似性。物理试验中三个明显峰值水压力为50.12MPa、71.5MPa和60.47MPa，数值模拟中三个明显峰值水压力为50.28MPa、56.91MPa和93.16MPa，物理试验和数值模拟的初次峰值水压力差距不大，最大水压力差距较大。由于页岩是裂缝性储层以及物理试验采用重复压裂技术，数值模拟采用的是均质各向同性、不考虑层理、不考虑重复压裂、不考虑温度等简化模型，导致数值模拟峰值水压力明显低于物理试验峰值水压力。

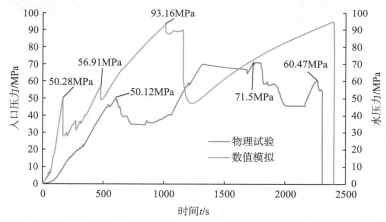

图6.11　物理试验和数值模拟水压力曲线对比图

综上所述，数值模拟结果和物理试验结果存在相关性，该模型初步满足真实的水力压裂模型，该模型的数值模拟结果可以分析水力压裂整体破坏规律及相关力学特征。

6.2.3　水力裂缝扩展规律

1. 模型整体破坏规律

分析裂缝的起裂及扩展时的应力变化特征，取裂缝尖端前一个单元在起裂以及扩展的应力变化过程。采用弹性力学的正负号规定，拉应力为正值，压应力为负值。如图 6.12 所示，可以明显看出距离井筒较近的裂缝尖端应力明显高于距离井筒较远处的裂缝尖端应力，应力状态呈椭圆形分布。本节定义裂缝距离井筒较近段为裂缝"中部"，裂缝距离井筒较远段为裂缝"尖端"。

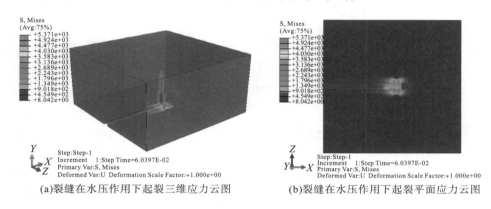

(a)裂缝在水压作用下起裂三维应力云图　　　　　(b)裂缝在水压作用下起裂平面应力云图

图 6.12　裂缝在起裂时 Mises 应力场

图 6.13（a）为预制裂缝初始时位移云图，图 6.13（b）为裂缝起裂时位移云图，图 6.13（c）为裂缝扩展过程中位移云图，在裂缝中心处有较高值的位移，裂缝边缘的位移较小，并且裂缝位移尺度为微米。

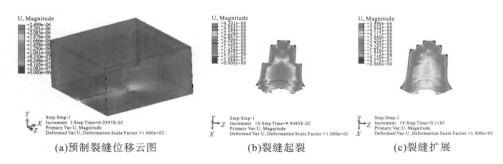

(a)预制裂缝位移云图　　　　　(b)裂缝起裂　　　　　(c)裂缝扩展

图 6.13　裂缝表面的位移云图和相关生长

图 6.14 为试样完全破坏时云图，可以看出预制裂缝以及裂缝表面的位移。图 6.14（a）为模型完全破坏时位移云图，图 6.14（b）为裂缝表面的位移，图中

PHILSM 为描述有指定位移的裂缝面，模型水力裂缝扩展方向为垂直于最小主应力方向。

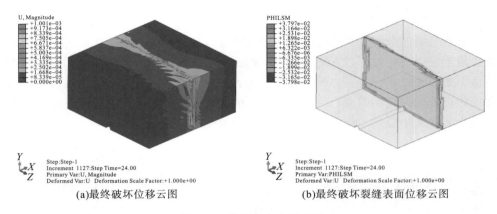

(a)最终破坏位移云图　　　　　　　　　(b)最终破坏裂缝表面位移云图

图 6.14　模型完全破坏云图

　　提取注水点处水力压裂过程中的时间-应力-位移曲线，如图 6.15 所示。应力变化较复杂，呈非线性增加，总体和物理试验获得的水压力曲线近似。最大 Mises 应力在 10.08s 达到 93.16MPa，应力降引起了位移的变化，第一次位移陡降出现在 1.63s，水压力为 50.28MPa，总位移为 68.92μm，本次明显的应力位移差出现在裂缝初次到达模型表面时。由于设置初始孔隙水压力为 0MPa，模型出现沟通裂缝而破坏，但未完全破坏，模型会继续损伤。第二次陡降出现在 11.57s，水压力为 89.89MPa，总位移为 117.82μm，本次明显的应力位移差出现在模型近似完全破坏时，直至模型完全破坏。

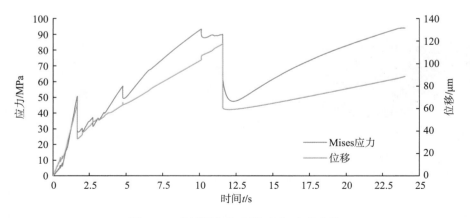

图 6.15　总过程中的时间-应力-应变曲线

2. 裂缝"中部"起裂及扩展规律

根据图 6.16 和图 6.17 可以看出，裂缝"中部"起裂及扩展过程中应力状态为压应力和拉应力，可以判断裂缝"中部"尖端破坏形式为剪切破坏。裂缝"中部"起裂的临界时间是在 0.099s 时，距离射孔点近的裂缝尖端的应力较大。如图 6.17 中 Mises 应力曲线，可以看出在裂缝扩展时有明显的压力降，在 0.099s 时 Mises 应力达到最大值 9.212MPa，为起裂应力，之后应力曲线变得平缓，有波浪线以及压力陡降的地方为其他单元起裂及扩展的影响。

根据图 6.16(c) 和图 6.16(d)，可以看出裂缝"中部"尖端的最小主应力变化是由拉应力变为了压应力。如图 6.17 中裂缝"中部"尖端最小主应力变化曲线所示，裂缝"中部"起裂及扩展时最小主应力会发生陡升，在 0.099s 时最小主应力为-3.649MPa，压应力达到最大值。根据图 6.16(e) 和图 6.16(f)，可以看出裂缝"中部"尖端最大主应力变化趋势与 Mises 应力变化趋势一致，裂缝"中部"尖端最

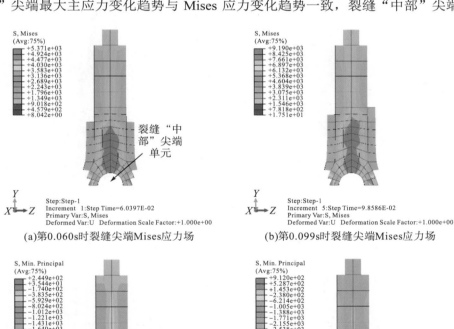

(a)第0.060s时裂缝尖端Mises应力场　　　　　　(b)第0.099s时裂缝尖端Mises应力场

(c)第0.060s时裂缝尖端最小主应力场　　　　　　(d)第0.099s时裂缝尖端最小主应力场

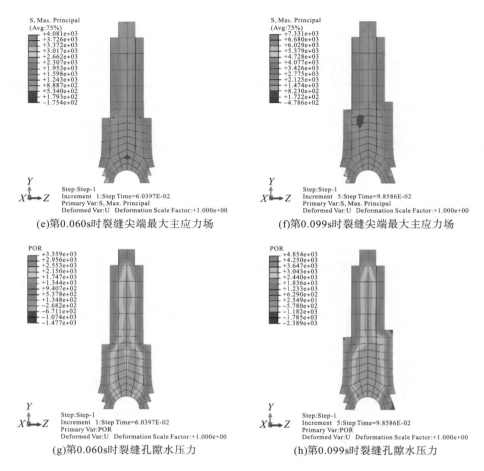

(e)第0.060s时裂缝尖端最大主应力场   (f)第0.099s时裂缝尖端最大主应力场

(g)第0.060s时裂缝孔隙水压力   (h)第0.099s时裂缝孔隙水压力

图 6.16 裂缝"中部"尖端起裂及扩展时应力场特征

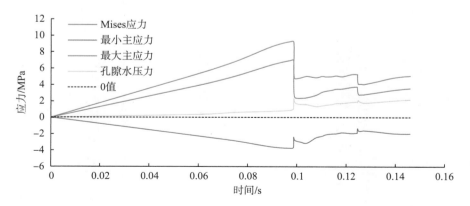

图 6.17 裂缝"中部"尖端应力曲线

大主应力变化如图 6.17 所示，0.099s 时最大主应力为 6.981MPa。根据图 6.16(g)
和图 6.16(h)，可以看出孔隙水压力随着压裂液的注入逐渐升高，0.099s 时孔隙压
力最大达到 2.309MPa，相比于 Mises、最大、最小主应力增加幅度较小，裂缝起
裂及扩展时孔隙水压力会发生陡降。

　　裂缝"中部"尖端单元起裂临界时间内的张开位移如图 6.18 和图 6.19 所示。
图中 U1 为最小主应力方向位移，U2 为最大主应力方向位移，U3 为孔隙位移。
明显看出裂缝中间的位移是最大的，位移变化主要在 X(最小主应力)方向，Y 和 Z
方向位移变化明显较小。

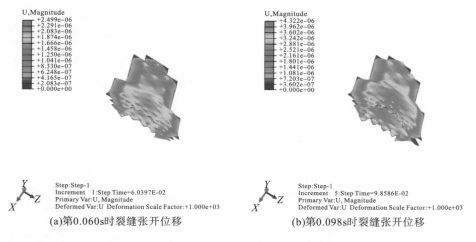

图 6.18　裂缝"中部"起裂及扩展时张开位移云图

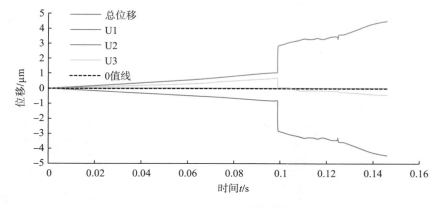

图 6.19　裂缝"中部"尖端位移曲线

3. 裂缝"尖端"起裂及扩展规律

　　由图 6.20 和图 6.21 可以看出，裂缝"尖端"起裂及扩展过程中应力状态为拉

应力，说明裂缝"尖端"出现的破坏形式为拉伸破坏。裂缝"尖端"起裂的临界时间是在 0.471s 时，如图 6.21 所示，在 0.471s 时 Mises 应力达到最大值为 2.505MPa，该值明显低于裂缝"中部"起裂压力。

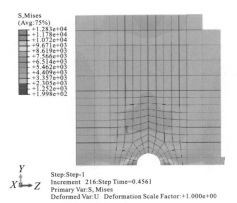
(a)第0.456s时裂缝尖端Mises应力场

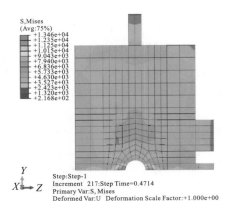
(b)第0.471s时裂缝尖端Mises应力场

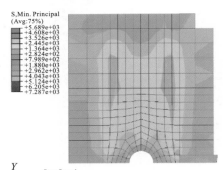
(c)第0.456s时裂缝尖端最小主应力场

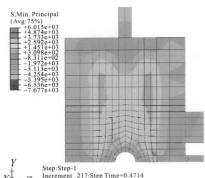
(d)第0.471s时裂缝尖端最小主应力场

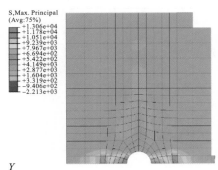
(e)第0.456s时裂缝尖端最大主应力场

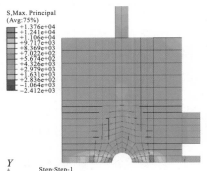
(f)第0.471s时裂缝尖端最大主应力场

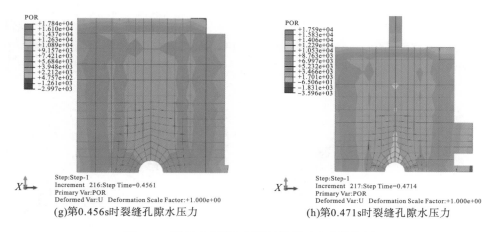

(g)第0.456s时裂缝孔隙水压力　　　　　　　(h)第0.471s时裂缝孔隙水压力

图 6.20　裂缝"尖端"起裂及扩展时应力场特征

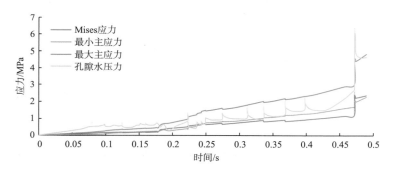

图 6.21　裂缝"尖端"应力曲线

　　根据图 6.20(c)、图 6.20(d) 和图 6.21 中最小主应力变化曲线，可以看出裂缝"尖端"和裂缝"中部"的最小主应力变化不同，最小主应力是拉应力，裂缝起裂及扩展时最小主应力会发生陡降，0.471s 时最小主应力达到最大为 2.138MPa，该值明显低于裂缝"中部"起裂压力。

　　根据图 6.20(e) 和图 6.20(f)，可以看出裂缝"尖端"最大主应力变化趋势与 Mises 应力变化趋势一致，在 0.471s 时最大主应力为 4.616MPa，该值明显低于裂缝"中部"起裂压力。根据图 6.20(g)、(h) 和图 6.21 中孔隙水压力变化曲线，可以看出孔隙水压力随着压裂液的注入逐渐升高，0.471s 时孔隙水压力最大达到 6.367MPa，相比于 Mises、最大、最小主应力增加幅度较大，该值明显高于裂缝"中部"起裂压力。

　　裂缝"尖端"单元的起裂及扩展临界时间内张开位移如图 6.22 和图 6.23 所示，明显看出裂缝中间的位移是最大的，在 0.471s 时，由 1.683μm 急剧增长至 8.685μm，并且该位移值以及位移增量远大于断裂缝尖端起裂位移值。在 0.471s 时，X 方向位移变化差值为 7.159μm，Y 方向位移差值为 0.54μm，该方向位移增量高于裂缝"中部"位移增量，Z 方向位移差值为 0.133μm，该方向位移增量低于裂缝"中部"位移增量，位移变化主要在 X 方向，Y 和 Z 方向位移变化明显较小。

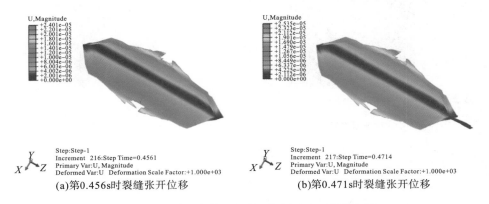

(a)第0.456s时裂缝张开位移   (b)第0.471s时裂缝张开位移

图 6.22   裂缝"尖端"起裂及扩展时张开位移云图

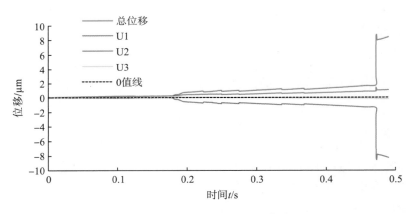

图 6.23   裂缝"尖端"位移曲线

6.3   页岩非均质性对水力裂缝扩展的影响

采用 6.2 节几何模型、力学模型以及材料模型，增加弱结构层，弱结构层厚度为 2mm，中心位置距顶面为 25mm，数值模型如图 6.24 所示，网格划分如图 6.25 所示，单元个数为 9189 个。由于页岩的层理、弱结构层等的存在，页岩的不均匀性较为明显，全部模拟试样弱结构层难度大，因此只模拟一个弱结构层对水力压裂的影响。

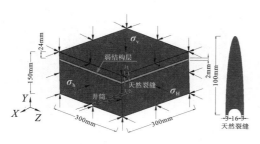

图 6.24 三维水力压裂数值模型示意图 　　　图 6.25 模型网格划分

6.3.1 表面裂缝

将 6.2 节水力压裂过程模拟结果与含弱结构层模型水力压裂结果进行对比分析，具体如图 6.26～图 6.31 所示，根据模型表面裂缝形态分析弱结构层的存在对水力裂缝扩展方向的影响。

图 6.26～图 6.31 为均质与含弱结构层数值模拟结果对比图，发现含弱结构层的模型完全破坏需要的时间远低于均质岩层，弱结构层降低岩层的整体强度，有利于裂缝的形成及扩展。根据水力裂缝的扩展方向可以看出弱结构层对水力裂缝

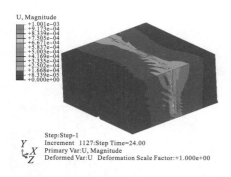

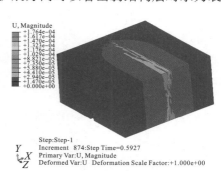

图 6.26 均质岩层最终破坏位移云图 　　　图 6.27 含弱结构层最终破坏位移云图

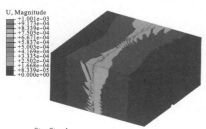

图 6.28 均质岩层最终破坏位移云图 　　　图 6.29 含弱结构层最终破坏位移云图

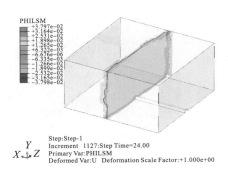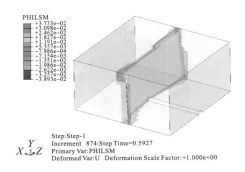

图 6.30 均质岩层最终破坏裂缝　　　　图 6.31 含弱结构层最终破坏裂缝
　　　　表面位移云图　　　　　　　　　　　　表面位移云图

的影响，裂缝在距离井筒较远部分发生明显的偏移，水力裂缝沿着弱结构层扩展
一段距离后垂直于弱结构层发展直至模型完全破坏。物理试验中同样发现水力裂
缝垂直于弱结构层扩展，并在弱结构层内扩展，之后垂直于弱结构层扩展。

6.3.2 水力裂缝

弱结构层对水力裂缝扩展方向的影响，如图 6.32 和图 6.33 所示，在水力裂缝
扩展未遇到弱结构层时，扩展状态类似，由于模型弱结构层距离模型边界较近，
弱结构层在边界上有明显的影响，在边界区域水力裂缝会发生偏转，平行于弱结
构层转向，最后垂直于弱结构层（原扩展方向）扩展。

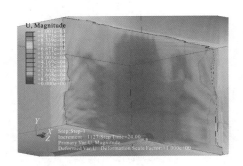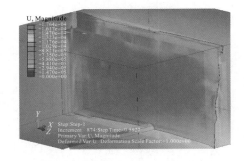

图 6.32 均质岩层水力裂缝形态图　　　图 6.33 含弱结构层水力裂缝形态图

6.3.3 弱结构单元起裂及扩展规律

为分析弱结构单元的起裂和扩展，绘制弱结构单元的应力曲线和张开位移曲
线，如图 6.34 和图 6.35 所示。

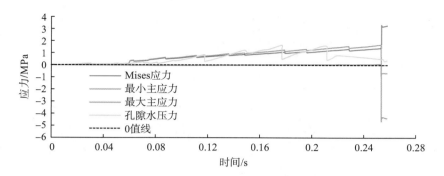

图 6.34　弱结构单元起裂及扩展应力曲线

根据图 6.34、图 6.17 和图 6.21 对比可看出弱结构单元的破坏形式为剪切破坏，并且弱结构单元的起裂压力明显低于均质岩层的起裂压力。弱结构单元在 0.254s 时，应力变化明显，Mises 应力达到最大值为 3.32MPa，最小主应力由拉应力突变为压应力达到-4.606MPa，最大主应力同样由拉应力突变为压应力达到-0.908MPa，孔隙水压力达到 0.489MPa，总体说明页岩不均匀性导致页岩水力压裂下受力复杂而导致剪切破坏。

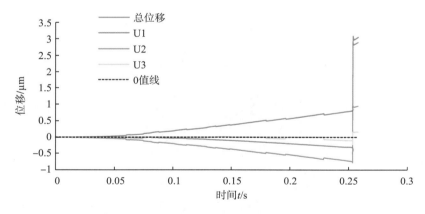

图 6.35　弱结构单元起裂及扩展位移曲线

根据图 6.35、图 6.19 和图 6.23 对比可看出弱结构单元的位移较裂缝"中部"大，低于裂缝"尖端"。弱结构单元在 0.254s 时，总位移变化差值为 2.549μm，X 方向位移变化差值为 3.47μm，Y 方向位移差值为 1.764μm，Z 方向位移差值为 0.389μm，位移变化最大为最小主应力方向，但 Y、Z 方向位移差值明显高于均质岩层，总体说明弱结构导致裂缝的位移增大。

6.4　水力裂缝与天然裂缝相互作用机理

6.4.1　模型建立

在水力压裂施工过程中，由于多孔介质储层本身特点或者前期施工影响，导致大量的人工或天然裂缝赋存于页岩储层中，这些预先存在的裂缝必然会导致储层地应力场的重分布。在后续水力压裂施工时，当水力裂缝扩展到天然裂缝附近时，改变的地应力场必然会影响到水力裂缝的扩展状态。而且，当水力裂缝和天然裂缝相交时，水力裂缝在天然裂缝上的扩展动态也会发生很大改变。因此，有必要对水力裂缝和天然裂缝之间的相互影响进行分析。

以 6.1 节中模型为基础，其几何形状如图 6.36 所示，尺寸为 10m×10m，射孔长 0.25m，在距离射孔前端 0.5m 处设置一天然裂缝，天然裂缝使用弱单元区域替代，长度为 1m，厚度为 0.05m，同 X 方向之间具有一定的夹角 β，分别取 75°、60°、45°。

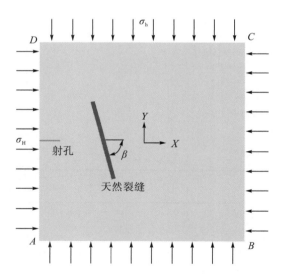

图 6.36　水力裂缝与天然裂缝相互作用的数值模型

边界条件：模型左边界 AD 为对称边界，AB、BC、CD 边界为 0 位移边界以及孔隙水压力边界，孔隙水压力边界在分析过程中保持初始孔隙水压力不变。

模型初始状态：水平最大主应力为 σ_H，方向和射孔方向相同（X 方向），水平最小主应力为 σ_h，方向垂直于射孔方向（Y 方向）；假设模型具有初始孔隙度，孔隙中充满液体，为饱和岩石材料。地层具有一定的初始孔隙水压力 P。在模型周边施加的水平最大主应力分别为 30MPa、25MPa、20MPa，最小主应力为 20MPa。

　　天然裂缝的弹性模量取页岩基质的 1/10，抗拉强度和临界能量释放率取页岩基质的 1/100，其余泊松比、渗透系数、压裂液黏度、滤失系数和页岩基质相同。

　　模型参数分为岩体基质和内部天然裂缝参数，如表 6.5 所示。水力压裂参数见表 6.2。

表 6.5　基质和天然裂缝参数

弹性模量 E/GPa		临界能量释放率/(kN/m)		抗拉强度 σ_t/MPa		泊松比
基质	天然裂缝	基质	天然裂缝	基质	天然裂缝	
22.60	2.26	214.00	2.14	2.00	0.02	0.25

　　在射孔处以一定流速注入流体，模拟水力压裂施工时压裂液的注入。整个模型计算时间为 150s，压裂液注入率(流体流速)在 1～10s 之间逐渐由 0 上升至指定的注入率，之后注入率维持不变至 150s。

　　模型网格划分如图 6.37 所示。对射孔以及天然裂缝附近区域进行加密。单元类型选择 CPE4P 单元(四节点平面应变单元，双线性位移，双线性孔隙水压力)，共 59 314 个单元。

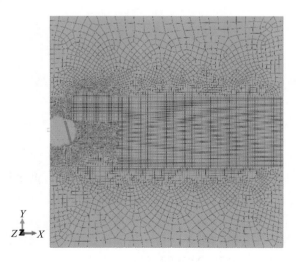

图 6.37　含天然裂缝模型的网格划分

6.4.2　天然裂缝对水力裂缝扩展的影响

　　本节讨论水力裂缝在扩展过程中遭遇天然裂缝时的扩展状态，通过将天然裂缝设置为弱单元，分析水力裂缝在与有填充物的天然裂缝接触前、接触时及在天然裂缝内部的扩展规律。同时，通过将数值模型的天然裂缝同 X 方向(即水平最大主应力方向)的夹角、水平最大主应力设置为不同的值，分析水力压裂过程中水平地应力差和天然裂缝倾角对水力裂缝扩展动态的影响。水平地应力差定义为最大水平应力减去最小水平应力，可分别取 0MPa、5MPa、10MPa。天然裂缝同 X 方向的夹角分别为 75°、60°、45°。

对于天然裂缝和 X 方向的夹角为 75°的情况，在不同水平地应力差下，水力裂缝的扩展状态如图 6.38 所示。

(a)水平地应力差为0MPa

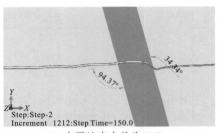

(b)水平地应力差为5MPa

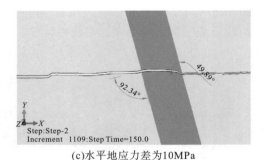

(c)水平地应力差为10MPa

图 6.38   天然裂缝和 X 方向夹角为 75°时水力裂缝扩展状态

取水平地应力差为 0MPa，在水力裂缝扩展的初始阶段，水力裂缝的扩展方向沿着 X 方向，即水平最大主应力方向；随着水力裂缝往前扩展至天然裂缝附近时，水力裂缝的方向发生偏转，当水力裂缝和天然裂缝相交时，两者之间的角度为 92.46°，近似垂直相交；在压裂液压力作用下，水力裂缝以近似垂直于天然裂缝的方向扩展进入天然裂缝内部并往前扩展一段距离后，水力裂缝的扩展方向再次偏转，和天然裂缝之间存在 27.76°的夹角，有平行天然裂缝扩展的趋势；最后继续以 X 方向从另一侧穿透出天然裂缝。

当水平地应力差为 5MPa 时，水力裂缝的扩展方向和水平地应力差为 0MPa 时的扩展方向近似；水力裂缝在接近天然裂缝附近时方向发生偏转，并以 94.37° 和天然裂缝相交，近似垂直于天然裂缝；穿入天然裂缝内部后以近似垂直于天然裂缝的方向往前扩展一段距离，之后扩展方向与天然裂缝夹角为 34.34°，趋于和天然裂缝平行；最后以 X 方向穿出天然裂缝继续往前扩展。

当水平主应力差为 10MPa 时，水力裂缝以 92.34°穿入天然裂缝并继续往前扩展，直至在接近穿出天然裂缝时扩展方向才发生偏转，和天然裂缝的夹角为 49.89°，此时趋于沿 X 方向直接穿透天然裂缝。

对比天然裂缝和 X 方向夹角为 75°时不同水平主应力差的情况，发现在 75° 情况下水力裂缝均以垂直于天然裂缝的方向穿入天然裂缝并往前扩展；之后转向趋于平行于天然裂缝扩展，且水平地应力差越大，穿出天然裂缝时和天然裂缝的夹角越大，越难转向平行于天然裂缝扩展，易直接以最大主应力方向(X 方向)穿透天然裂缝。

图 6.39 是在天然裂缝和 X 方向的夹角为 60°的情况下，不同水平地应力差下水力裂缝的扩展状态。取水平地应力差为 0MPa，当水力裂缝扩展至天然裂缝附近时，受天然裂缝影响，水力裂缝的方向由沿 X 方向扩展向垂直于天然裂缝方向发生偏转；继续注入压裂液，水力裂缝以 93.8°和天然裂缝相交；当穿入天然裂缝后水力裂缝的扩展方向和天然裂缝的夹角为 26.9°，最后以水平方向穿出天然裂缝。

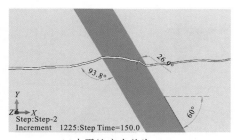
(a)水平地应力差为0MPa

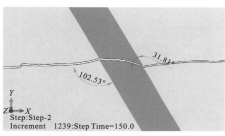
(b)水平地应力差为5MPa

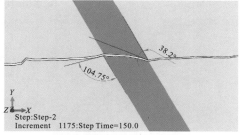
(c)水平地应力差为10MPa

图 6.39　天然裂缝和 X 方向夹角为 60°时水力裂缝扩展状态

当水平地应力差为 5MPa 时，水力裂缝在接近天然裂缝时方向会往垂直于天然裂缝的方向有一定偏转，但并没有 0MPa 时明显，之后与天然裂缝呈 102.53°相交；在天然裂缝内部水力裂缝的方向和天然裂缝方向呈 31.81°夹角；最后再以水平方向穿透出天然裂缝的另一侧。

　　当水平主应力差为 10MPa 时，水力裂缝扩展方向的改变过程同 5MPa 时类似，但因最大水平主应力的影响，穿入天然裂缝前以 104.75° 和天然裂缝相交，在天然裂缝内部扩展方向和天然裂缝夹角为 38.2°；不管是穿入前还是天然裂缝内部，水力裂缝的扩展方向偏离 X 方向的程度均较小，近似于直接以最大主应力方向穿透天然裂缝。

　　天然裂缝和 X 方向的夹角为 45° 的情况下水力裂缝的扩展状态如图 6.40 所示。对于 0MPa、5MPa、10MPa 三种情况，水力裂缝的扩展状态相似，在接近天然裂缝时向垂直于天然裂缝方向偏转，当穿入天然裂缝后沿天然裂缝方向偏转，最后以水平方向穿出天然裂缝。三者之间的差异主要体现在偏转角度上，0MPa 时穿入天然裂缝前水力裂缝同天然裂缝相交的角度在 110.16°，在天然裂缝内部时水力裂缝同天然裂缝角度在 24.6° 左右；而在 10MPa 时，水力裂缝同天然裂缝相交的角度在 123.77° 左右，在天然裂缝内部时水力裂缝同天然裂缝夹角在 31.88° 左右；在 5MPa 时的偏转角度居于两者之间。据此发现，水平地应力差越小，穿入天然裂缝前水力裂缝越易于偏离最大主应力方向并趋于垂直于天然裂缝，天然裂缝内部时水力裂缝越易于平行于天然裂缝方向扩展。

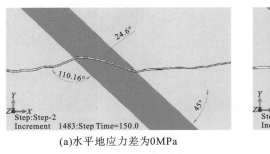

(a)水平地应力差为0MPa

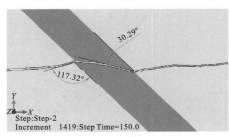

(b)水平地应力差为5MPa

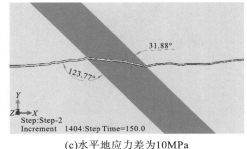

(c)水平地应力差为10MPa

图 6.40　天然裂缝和 X 方向夹角为 45° 时水力裂缝扩展状态

　　从以上分析可以看出，当水力裂缝扩展路径上存在有填充物的天然裂缝时，水力裂缝的扩展方向会在两个阶段发生偏转：

　　(1)在接近天然裂缝时，沿最大水平主应力方向扩展的水力裂缝会向垂直于天然裂缝方向偏转，偏转程度取决于水平地应力差，在具有相同的天然裂缝同最大水平主应力的角度时，偏转程度随着水平主应力差的减小而增大，越趋于垂直于天然裂缝。

（2）在水力裂缝扩展进入天然裂缝后，水力裂缝会向平行于天然裂缝方向偏转，水平地应力差、天然裂缝同最大水平主应力的角度同样会对偏转程度有影响；在具有相同的天然裂缝同最大水平主应力的角度时，水平主应力差越小，越接近平行于天然裂缝扩展；相同水平地应力差条件下，随着天然裂缝同最大水平主应力的角度减小，水力裂缝的扩展方向越接近平行于天然裂缝；特别是在天然裂缝同最大水平主应力的角度较大（75°）时，只在 0MPa、5MPa 的水平地应力差下沿平行于天然裂缝方向扩展一小段距离，在 10MPa 的水平主应力差下，沿最大水平主应力的方向直接穿透天然裂缝。

第 7 章　页岩水力压裂微震释放的数值模拟

　　微震是由于材料和结构中破坏导致的振动所产生，这个过程可以采用声发射进行监测，实质上就是监测介质内一点产生的一系列力学振动传递过程的表现。水力压裂过程中的微震信号是由于裂缝起裂扩展时应力应变改变导致，是一个动力问题。根据 6.2 节的水力压裂过程模拟的结果进行微震振动过程(波的释放)模拟，为模拟清晰的波形，采用一个裂缝单元起裂时产生的微震振动进行模拟。

7.1　模　型　建　立

　　采用隐式动态分析的方法模拟微震振动过程。为方便计算，施加位移控制，位移控制为 3 个方向(X，Y，Z)，力控制为 6 个方向(xx, yy, zz, xy, xz, yz)。在震源点施加一个位移边界条件模拟微震波的瞬时传播，如图 7.1 所示(U2、U3 与 0 值线重合)。

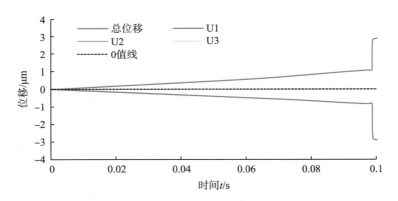

图 7.1　震源处施加的位移

　　为方便分析以及和水力压裂结果相对应，建模部分网格划分、边界条件均与6.2 节一致，并增设介质密度为 2700kg/m³，介质质量比例阻尼为 0.005，网格单元选择 C3D8R。

　　为进一步分析水力压裂过程中与裂缝起裂扩展产生的声发射波的基本特征，在模型表面布置 6 个传感器，震源和传感器如图 7.2 所示，传感器坐标位置分别为 S1(0, 125mm, 28.314mm)、S2(0, 5mm, 28.314mm)、S3(0, 125mm, 217.686mm)、

S4（0, 5mm, 271.686mm）、S5（269.825mm, 125mm, 300mm）、S6（269.825mm, 5mm, 300mm）。

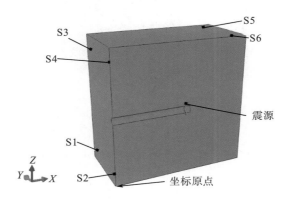

图 7.2　波传播模拟传感器位置示意图

7.2　微震动态模拟结果

7.2.1　微震波传播整体过程分析

图 7.3 为三个不同阶段的质点速度分布，这些轮廓呈围绕震源点近似对称分布。波易沿着钻孔方向传播，并且钻孔附近区域质点速度明显高于其他区域，随着时间的增加，震源处速度衰减加快。

提取 S1～S6 号传感器接收到的信号，如图 7.4 所示。图 7.4（a）为传感器接收到的波形图。0～0.1s 为施加位移荷载时产生的波定义为噪声区，0.1s 后监测到的波形为有效信号区，此处主要分析 0.1s 之后的波形特征。研究发现波在模型边界上反射后继续在介质中传播且幅值降低，0.4s 后幅值几乎为 0，所以选取 0.1～0.4s

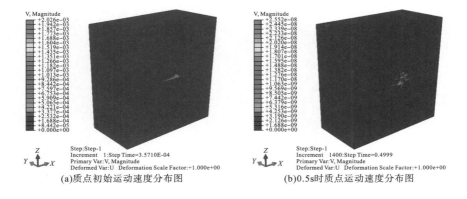

　　（a）质点初始运动速度分布图　　　　　　　（b）0.5s时质点运动速度分布图

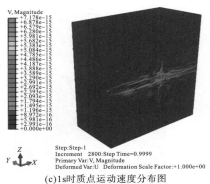

(c)1s时质点运动速度分布图

图 7.3　波传播过程中三个不同阶段时的质点速度分布图

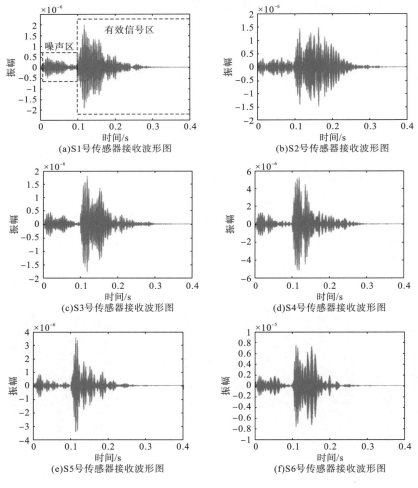

图 7.4　6 个传感器接收到的波形图

内波形进行记录和处理。从 S1~S6 号传感器所得到的波形图可以看出，振幅在
0.1s 处开始明显增大，6 个传感器接收波形最大振幅由大到小依次排序为
S6 > S4 > S5 > S1 > S3 > S2。由图 7.2 看出，S2、S4 和 S6 号传感器位于震源点平面，
且震源点距传感器距离近似，但 3 个传感器接收到信号的幅值区别较大，S2、S4
和 S6 号传感器最大的区别在于井筒，所以钻孔对质点运动速度影响较大，材料缺
陷对波的传播有重大影响。

对模拟波形进行频谱特征分析，将 S1、S3 和 S5 号传感器分为一组，S2、S4
和 S6 号传感器为另一组，图 7.5 为 S1、S3 和 S5 号传感器的频谱特征图，图 7.6
为 S2、S4 和 S6 号传感器的频谱特征图。由图 7.5 可以看出 3 个传感器接收到的
信号主频均发生在 0.1~0.2s 内，频率集中在 450~500kHz 之间。S5 号传感器接
收到的信号主频最低，信号能量最大，信号衰减最快。

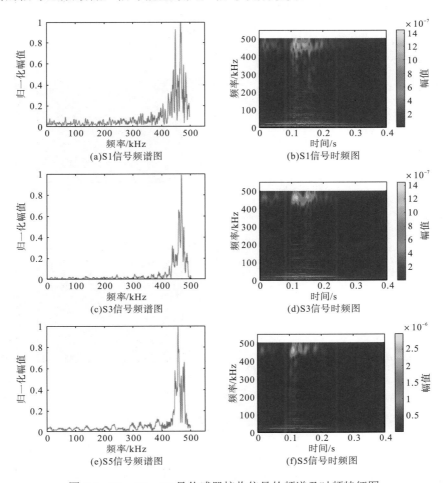

图 7.5　S1、S3、S5 号传感器接收信号的频谱及时频特征图

　　由图 7.6 可以看出 3 个传感器接收到的信号主频均发生在 0.1～0.2s 内，频率集中在 450～500kHz 之间。S2 号传感器接收的信号能量最低，S6 号传感器接收的信号能量最高，说明材料缺陷对波能量衰减较大。信号主频发生了偏移，S4 号传感器接收到的信号主频最低，S6 号传感器接收到的信号主频最高。

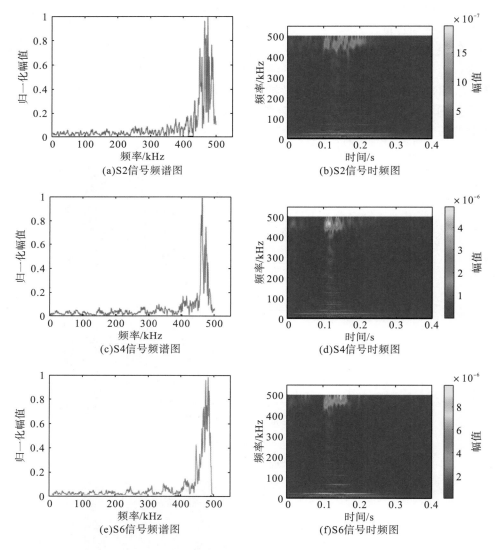

图 7.6　S2、S4、S6 号传感器接收信号的频谱及时频特征图

　　图 7.5 和图 7.6 为传感器所接收信号的傅里叶变换图及连续小波变换图。连续小波变换突出峰值频率和高强度区域以及和时间的对应关系，主频均发生在 0.1～0.2s 内，频率在 450～500kHz 之间，和物理试验中所得到的微震信号数量级以及

频率范围较为一致。

综合分析，水力压裂过程产生的微震信号具有高频，能量主要集中在高频和低频，裂缝起裂时产生的频率以及能量达到最大值。

7.2.2　几何特征对波形特征的影响

为了进一步研究波的传播与距离间的规律，在井筒、震源所在表面设置传感器，共建立 8 个传感器，编号为 S7～S14，如图 7.7 所示。S7～S10 号传感器布置沿井筒方向，垂直于裂缝方向，震源运动方向，张拉应力方向；S11～S14 号传感器沿垂直井筒，平行于裂缝方向，垂直张拉应力方向布置。传感器坐标位置分别为 S7（56.965mm, 0mm, 158mm）、S8（114.473mm, 0mm, 158mm）、S9（206.471mm, 0mm, 158mm）、S10（244.724mm, 0mm, 158mm）、S11（158mm, 0mm, 247.882mm）、S12（158mm, 0mm, 175mm）、S13（158mm, 0mm, 125mm）、S14（158mm, 0mm, 52.118mm）。

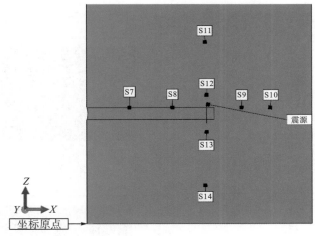

图 7.7　波传播模拟传感器位置

1. 震源、井筒方向信号特征

对 S7～S10 号传感器接收到的信号进行频谱特征分析，如图 7.8 所示。S8 传感器接收到的信号振幅以及能量最大，其次是 S7、S9 和 S10，S7 和 S10 号传感器的波形类似并且信号能量衰减较慢，S8 和 S9 号传感器的波形类似，说明边界效应对波传播的影响非常大，波易沿着缺陷方向传播。

S7～S10 四个传感器接收的信号主频均发生在 0.1～0.2s 内，频率集中在 450～500kHz 之间，信号提取主频的时间以及数值均一致，说明材料的几何特征对频率影响较小，采用频谱分析信号也是一种较为合适的手段。

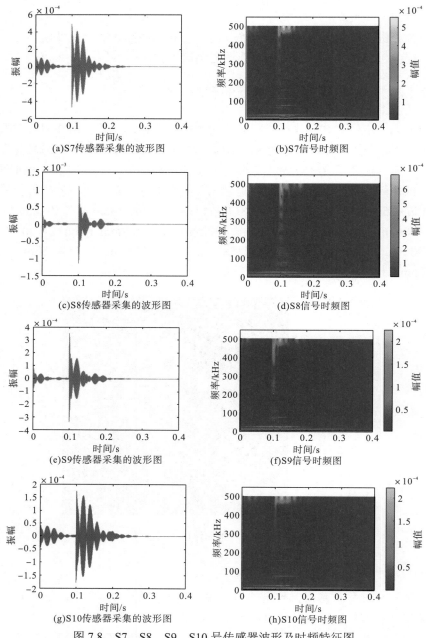

图 7.8　S7、S8、S9、S10 号传感器波形及时频特征图

2. 震源、垂直井筒方向信号特征

采用同样的方法，对 S11～S14 号传感器接收到的信号进行频谱特征分析。S12 传感器接收到的信号振幅最大，其次是 S11、S13 和 S14，该方向上距离对波

传播影响较小，说明材料缺陷对信号传播的影响较大，缺陷能降低信号的能量。

S13 号传感器接收到信号的主频最小，依次增大为 S14、S12、S11，与 S7～S10 传感器接收的信号特征不同，信号频率产生了偏移，信号能量较低，产生此种差异可能是由传感器接收的信号组成差异（P 波和 S 波）或声波散射等原因造成。

3. 几何特征对波形特征的影响

综合分析 S7～S14 号传感器接收信号规律，发现 8 个传感器的接收波形主频均发生在 0.1～0.2s 内，频率集中在 450～500kHz 之间。为研究距离对信号的影响，定义 S8、S9、S12 和 S13 接收的信号为"近"裂缝尖端信号，S7、S10、S11 和 S14 接收的信号为"远"裂缝尖端信号，发现"近"和"远"信号中 S13 信号和 S14 信号与其他信号差异较大，说明距离对信号传播影响较小。信号中最大振幅和能量大小排序为 S8 > S7 > S9 > S12 > S10 > S11 > S13 > S14，根据传感器位置综合分析，缺陷（井筒）附近波形具有高能量、高主频和能量衰减较快的特征，波易沿着缺陷传播，但穿过缺陷信号能量衰减较大。

数值模拟的声发射信号与物理试验结果类似，也是由于在有限元建模过程中使用质量控制比例阻尼系数，合理的阻尼系数能良好量化声发射信号，提高信号对材料结构及裂缝反应的精确度。

7.2.3　P 波、S 波信号传播规律

分析频率偏移的原因是否由于 P 波或 S 波产生，研究声发射信号中 P 波和 S 波信号的特征。如图 7.9 所示，X 轴为纵波传播方向，Z 轴为横波传播方向，提取 S7～S14 号传感器 P 波和 S 波信号并进行频谱分析。

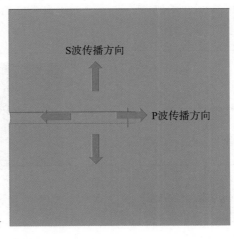

图 7.9　P 波和 S 波传播示意图

如图 7.10 所示为 S7~S14 号传感器接收的 P 波波形及时频图，8 个传感器接收 P 波波形衰减较快，主频发生在 0.1~0.2s 内，频率集中在 450~500kHz 之间，"近"裂缝尖端信号和"远"裂缝尖端信号差异较大，最大振幅和能量由大到小依次排序为 S8 > S7 > S9 > S12 > S10 > S11 > S13 > S14，P 波波形特征与三分量波形特征类似，实际工程中可分析 P 波信号代替微震信号特征。

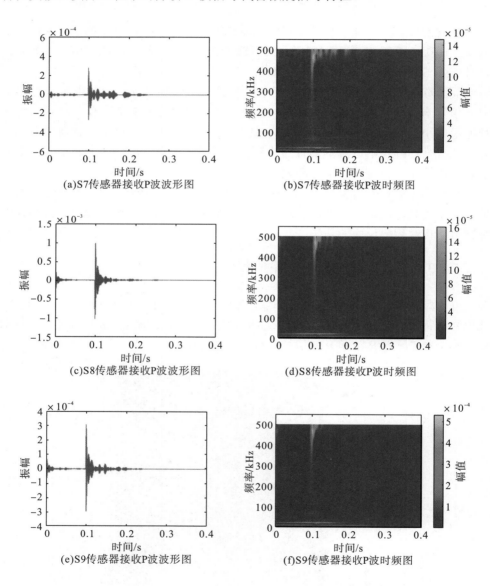

(a)S7传感器接收P波波形图   (b)S7传感器接收P波时频图

(c)S8传感器接收P波波形图   (d)S8传感器接收P波时频图

(e)S9传感器接收P波波形图   (f)S9传感器接收P波时频图

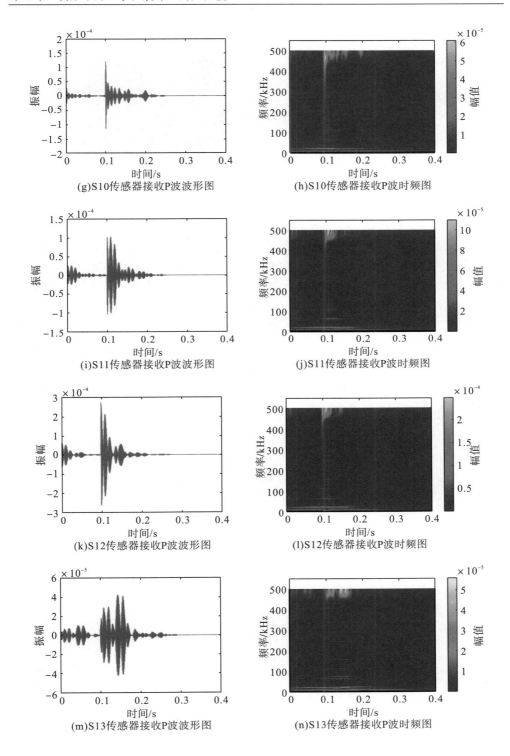

(g)S10传感器接收P波波形图

(h)S10传感器接收P波时频图

(i)S11传感器接收P波波形图

(j)S11传感器接收P波时频图

(k)S12传感器接收P波波形图

(l)S12传感器接收P波时频图

(m)S13传感器接收P波波形图

(n)S13传感器接收P波时频图

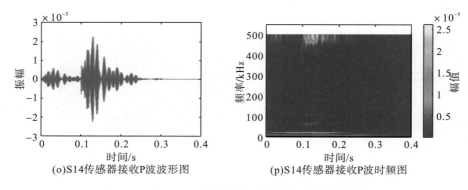

(o)S14传感器接收P波波形图　　　　　　(p)S14传感器接收P波时频图

图 7.10　S7～S14 号传感器 P 波波形及时频特征图

S7～S12 传感器接收 P 波信号的波形和频率近似一致，初至明显，但与 S13 和 S14 传感器接收信号差异较大，S13 和 S14 传感器接收 P 波信号主频发生时间较长，P 波信号频率亦发生了偏移，由于各传感器的位置分布，缺陷对 P 波亦有较大影响，频率偏移现象由声波散射以及边界效应造成。

同理，对 S7～S14 号传感器接收的 S 波波形进行时频分析，发现 S 波相比 P 波波形衰减较慢，波形较为复杂，规律性不明显。S 波主频、优势频率、振幅、能量规律与 P 波一致，但 S 波能量较为分散。纵波方向和横波方向传感器接收 S 波信号差异较大，横波方向传感器接收 S 波信号频率偏移明显，声波散射以及边界效应对 S 波影响较大。

参 考 文 献

安艺敬一, 理查兹 P G. 1986. 定量地震学: 理论和方法, 第 2 卷[M]. 北京: 地震出版社.

彪仿俊, 刘合, 张士诚, 等. 2011. 水力压裂水平裂缝影响参数的数值模拟研究[J]. 工程力学, 28(10): 228-235.

彪仿俊. 2011. 水力压裂水平裂缝扩展的数值模拟研究[D]. 合肥: 中国科学技术大学.

陈勉, 金衍, 张广清. 2008. 石油工程岩石力学[M]. 北京: 科学出版社.

陈勉, 庞飞, 金衍. 2000. 大尺寸真三轴水力压裂模拟与分析[J]. 岩石力学与工程学报, 19(S1): 868-872.

陈勉. 2013. 页岩气储层水力裂缝转向扩展机制[J]. 中国石油大学学报(自然科学版), 37(5): 88-94.

陈强. 2014. 基于高分辨率成像技术的页岩孔隙结构表征[D]. 成都: 西南石油大学.

陈淑利, 孙庆和, 宋正江. 2008. 特低渗透裂缝型储层注水开发中后期地应力场变化及开发对策[J]. 现代地质, 22(4): 161-168.

陈心明. 2017. 各向异性页岩体破坏特征的实验与数值模拟[D]. 成都: 西南石油大学.

程久龙, 宋广东, 刘统玉, 等. 2016. 煤矿井下微震震源高精度定位研究[J]. 地球物理学报, 59(12): 4513-4520.

程军圣, 张亢, 杨宇. 2010. 局部均值分解方法在调制信号处理中的应用[J]. 振动. 测试与诊断, 30(4): 362-366.

程万, 金衍, 陈勉, 等. 2014. 三维空间中水力裂缝穿透天然裂缝的判别准则[J]. 石油勘探与开发, 41(3): 334-340.

邓继新, 史謌, 刘瑞珣, 等. 2004. 泥岩、页岩声速各向异性及其影响因素分析[J]. 地球物理学报, 47(5): 862-868.

丁遂栋, 孙利民. 1997. 断裂力学[M]. 北京: 机械工业出版社.

丁巍, 王蕉, 姜清辉, 等. 2016. 横观各向同性页岩的基本性质及破坏准则研究[J]. 中国水运月刊, 16(3): 207-212.

杜书恒, 关平, 师永民, 等. 2017. 低渗透砂岩储层可压裂性新判据[J]. 地学前缘, (02): 257-264.

段银鹿, 李倩, 姚韦萍, 等. 2013. 水力压裂微地震裂缝监测技术及其应用[J]. 断块油气田, 20(5): 644-648.

范宜仁, 李格贤, 冀昆, 等. 2017. 基于数字岩心技术的页岩储层可压裂性定量评价[J]. 测井技术, (06): 685-690.

费红彩, 张玉华. 2013. 美国未来能源格局趋势与中国页岩气勘查现状[J]. 地球学报, 34(3): 375-380.

付海峰, 崔明月, 邹憼, 等. 2013. 基于声波监测技术的长庆砂岩裂缝扩展实验[J]. 东北石油大学学报, (02): 96-101.

GB/T 50266-2013 . 2013. 工程岩体试验方法标准[S]. 北京: 中国计划出版社.

高静怀, 汪文秉, 朱光明. 1997. 小波变换与信号瞬时特征分析[J]. 地球物理学报, 40(06): 821-832.

葛哲学, 陈仲生. 2006. Matlab 时频分析技术及其应用[M]. 北京: 人民邮电出版社.

郭建春, 何颂根, 邓燕. 2015. 弹塑性地层水力压裂起裂模式及起裂压力研究[J]. 岩土力学, 36(09): 2494-2500, 2509.

郭印同, 杨春和, 贾长贵, 等. 2014. 页岩水力压裂物理模拟与裂缝表征方法研究[J]. 岩石力学与工程学报, 33(1): 52-59.

国家能源局. 2014. 国务院办公厅关于印发能源发展战略行动计划(2014-2020 年)的通知[EB/OL]. http://www.nea. gov.cn/2014-12/03/c_133830458.htm.

国九英, 周兴元, 俞寿朋. 1996. F-X 域等道距道内插[J]. 石油地球物理勘探, 31(1): 28-34.

何柏, 谢凌志, 李凤霞, 等. 2017. 龙马溪页岩各向异性变形破坏特征及其机理研究[J]. 中国科学: 物理学力学天文学, 47(11): 107-118.

何惺华. 2013. 基于三分量的微地震震源反演方法与效果[J]. 石油地球物理勘探, 48(1): 71-76.

衡帅, 杨春和, 曾义金, 等. 2014. 页岩水力压裂裂缝形态的试验研究[J]. 岩土工程学报, 36(07): 1243-1251.

衡帅, 杨春和, 郭印同, 等. 2015. 层理对页岩水力裂缝扩展的影响研究[J]. 岩石力学与工程学报, (02): 228-237.

侯冰, 程万, 陈勉, 等. 2014a. 裂缝性页岩储层水力裂缝非平面扩展实验[J]. 天然气工业, 34(12): 81-86.

侯冰, 陈勉, 程万, 等. 2014b. 页岩气储层变排量压裂的造缝机制[J]. 岩土工程学报, 36(11): 2149-2152.

侯冰, 陈勉, 谭鹏, 等. 2015a. 页岩气藏缝网压裂物理模拟的声发射监测初探[J]. 中国石油大学学报 (自然科学版), 39(01): 66-71.

侯冰, 陈勉, 张保卫, 等. 2015b. 裂缝性页岩储层多级水力裂缝扩展规律研究[J]. 岩土工程学报, 37(06): 1041-1046.

侯振坤, 杨春和, 王磊, 等. 2016. 大尺寸真三轴页岩水平井水力压裂物理模拟试验与裂缝延伸规律分析[J]. 岩土力学, 37(02): 407-414.

胡嘉, 姚猛. 2013. 页岩气水平井多段压裂产能影响因素数值模拟研究[J]. 石油化工应用, 32(5): 34-39.

胡文瑞, 鲍敬伟. 2013. 探索中国式的页岩气发展之路[J]. 天然气工业, 33(01): 1-7

胡永泉. 2013. 地面微震资料去噪方法研究[D]. 成都: 西南石油大学.

贾利春, 陈勉, 金衍. 2012. 国外页岩气井水力压裂裂缝监测技术进展[J]. 天然气与石油, 30(1): 44-47.

贾瑞生, 赵同彬, 孙红梅, 等. 2015. 基于经验模态分解及独立成分分析的微震信号降噪方法[J]. 地球物理学报, 58(3): 1013-1023.

贾善坡, 罗金泽, 吴渤, 等. 2014. 层状岩体单轴压缩破损特征与数值模拟研究[J]. 郑州大学学报(工学版), 35(5): 69-73.

姜浒, 刘书杰, 何保生, 等. 2014. 页岩气储层水力压裂机理研究[J]. 科学技术与工程, (12): 23-25.

姜瑞忠, 蒋廷学, 汪永利. 2004. 水力压裂技术的近期发展及展望[J]. 石油钻采工艺, 26(4): 52-56.

姜宇东, 杨勤勇, 何柯, 等. 2012. 基于曲波变换的地面微地震资料去噪方法研究[J]. 石油物探, 51(6): 620-624.

解经宇, 蒋国盛, 王荣璟, 等. 2018. 射孔对页岩水力裂缝形态影响的物理模拟实验[J]. 煤炭学报, 43(03): 776-783.

金衍, 程万, 陈勉. 2016. 页岩气储层压裂数值模拟技术研究进展[J]. 力学与实践, 38(01): 1-9.

考佳玮, 金衍, 付卫能, 等. 2018. 深层页岩在高水平应力差作用下压裂裂缝形态实验研究[J]. 岩石力学与工程学报, 37(06): 1332-1339.

雷兴林, 西泽修, 楠濑勤一郎, 等. 1994. 两种不同粒度花岗岩中声发射的震源分布分形结构和震源机制解[J]. 世界地震译丛, (5): 66-74.

冷雪峰, 杨天鸿, 国怀专, 等. 2002. 单孔岩石水压致裂过程的数值模拟分析[J]. 世界有色金属, 10: 32-34.

李海波, 吴绵拔. 1995. 龙门石窟文物区岩体波动测试与分析[J]. 岩石力学, (03): 43-48.

李连崇, 李根, 孟庆民, 等. 2013. 砂砾岩水力压裂裂缝扩展规律的数值模拟分析[J]. 岩土力学, 34(5): 1501-1507.

李连崇, 杨天鸿, 唐春安. 2003. 岩石水压致裂过程的耦合分析[J]. 岩石力学与工程学报, 22(7): 1060-1066.

李林芮. 2017. 岩石破坏的声发射主频特征与力学机制[D]. 成都: 四川大学.

李庆辉, 陈勉, 金衍, 等. 2012. 页岩气储层岩石力学特性及脆性评价[J]. 石油钻探技术, (04): 17-22.

李世愚, 和泰名, 尹祥础. 2016. 岩石断裂力学[M]. 北京: 科学出版社.

李世愚. 2010. 岩石断裂力学导论[M]. 合肥: 中国科学技术大学出版社.

李玮, 闫铁, 毕雪亮. 2008. 基于分形方法的水力压裂裂缝起裂扩展机理[J]. 中国石油大学学报(自然科学版), 32(5): 87-91.

李霞, 周灿灿, 李潮流, 等. 2013. 页岩气岩石物理分析技术及研究进展[J]. 测井技术, 37(04): 352-359.

李小刚, 易良平, 杨兆中, 等. 2015. 考虑分形裂缝弯折效应和长度效应的水力压裂裂缝扩展机理[J]. 新疆石油地质, 36(4): 454-458.

李新景, 胡素云, 程克明. 2007. 北美裂缝性页岩气勘探开发的启示[J]. 石油勘探与开发, 4: 392-400.

李雪, 赵志红, 荣军委. 2012. 水力压裂裂缝微地震监测测试技术与应用[J]. 油气井测试, 21(3): 43-45.

李永明, 郝临山, 魏胜利, 等. 2016. 煤岩加卸载不同应力途径变形破坏力学参数的研究[J]. 煤炭技术, 12: 129-131.

李勇明, 许文俊, 赵金洲, 等. 2015. 页岩储层中水力裂缝穿过天然裂缝的判定准则[J]. 天然气工业, 35(07): 49-54.

李勇明. 2016. 裂缝性气藏压裂基础理论[M]. 北京: 科学出版社.

李玉梅, 李军, 柳贡慧, 等. 2015. 页岩气藏水平井水力压裂裂缝敏感参数数值分析[J]. 断块油气田, 22(2): 258-262.

李哲, 杨兆中, 李小刚. 2005. 水力压裂模型的改进及其算法更新研究(上)[J]. 天然气工业, 25(1): 88-92.

李芷, 贾长贵, 杨春和, 等. 2015. 页岩水力压裂水力裂缝与层理面扩展规律研究[J]. 岩石力学与工程学报, 34(1): 12-20.

连志龙, 张劲, 吴恒安, 等. 2008. 水力压裂扩展的流固耦合数值模拟研究[J]. 岩土力学, 29(11): 3021-3026.

梁兵, 朱广生. 2004. 油气田勘探开发中的微震监测方法[M]. 北京: 石油工业出版社.

刘海阔, 张义勋. 2005. 地质大辞典[M]. 北京: 地质出版社.

刘晗, 张建中, 黄忠来. 2015. 利用同步挤压变换检测微地震信号[J]. 中国科技论文, 10(21): 2472-2476.

刘合, 兰中孝, 王素玲, 等. 2015. 水平井定面射孔条件下水力裂缝起裂机理[J]. 石油勘探与开发, 42(6): 794-800.

刘恒. 2009. 微地震定位方法研究及应用[D]. 合肥: 中国科学技术大学.

刘洪, 符兆荣, 黄桢, 等. 2006. 水力压裂力学机理新探索[J]. 钻采工艺, 29(3): 36-39.

刘洪, 罗天雨, 王嘉淮, 等. 2009. 水力压裂多裂缝起裂模拟实验与分析[J]. 钻采工艺, 32(6): 38-40.

刘建坡, 刘召胜, 王少泉, 等. 2015. 岩石张拉及剪切破裂声发射震源机制分析[J]. 东北大学学报(自然科学版), 36(11): 1624-1628.

刘建坡, 徐世达, 李元辉, 等. 2012. 预制孔岩石破坏过程中的声发射时空演化特征研究[J]. 岩石力学与工程学报, 31(12): 2538-2547.

刘建中, 王春耘, 刘继民, 等. 2004. 用微地震法监测油田生产动态[J]. 石油勘探与开发, 31(2): 71-73.

刘鹏. 2017. 砂砾岩水压致裂机理的实验与数值模拟研究[D]. 北京: 中国矿业大学.

刘顺, 何衡, 赵倩云, 等. 2018. 水力裂缝与天然裂缝交错延伸规律[J]. 石油学报, (3): 320-326, 334.

刘顺桂, 刘海宁, 王思敬, 等. 2008. 断续节理直剪试验与 PFC2D 数值模拟分析[J]. 岩石力学与工程学报, 27(09):

1828-1828.

刘太伟. 2013. 地面微地震资料去噪方法研究[D]. 北京: 中国石油大学.

刘玮丰. 2017. 页岩水力裂缝扩展机理及微震监测分析[D]. 成都: 西南石油大学.

刘喜武, 张宁, 勾永峰, 等. 2008. 地震勘探信号时频分析方法对比与应用分析[J]. 地球物理学进展, 23(3): 743-753.

刘向君, 丁乙, 罗平亚, 等. 2018. 天然裂缝对水力裂缝延伸的影响研究[J]. 特种油气藏, (02): 148-153.

刘尧文, 廖如刚, 张远, 等. 2016. 涪陵页岩气田井地联合微地震监测气藏实例及认识[J]. 天然气工业, (10): 56-62.

刘运思, 傅鹤林, 饶军应, 等. 2012. 不同层理方位影响下板岩各向异性巴西圆盘劈裂试验研究[J]. 岩石力学与工程学报, 31(4): 785-791.

刘之的, 李高仁, 张伟杰, 等. 2017. 致密储层可压裂性测井评价方法研究[J]. 测井技术, (02): 205-210.

柳占立, 王涛, 高岳, 等. 2016. 页岩水力压裂的关键力学问题[J]. 固体力学学报, 37(01): 34-49.

陆家亮. 2009. 中国天然气业发展形势及发展建议[J]. 天然气工业, 29(1): 8-12.

路艳军, 杨兆中, Shelepov V V, 等. 2018. 煤岩体积压裂脆性评价研究[J]. 油气藏评价与开发, (01): 64-70.

罗平平, 陈蕾, 邹正盛. 2007. 空间岩体裂隙网络灌浆数值模拟研究[J]. 岩土工程学报, 29(12).

吕昊. 2012. 基于油田压裂微地震监测的震相识别与震源定位方法研究[D]. 长春: 吉林大学.

吕世超, 郭晓中, 贾立坤. 2013. 水力压裂井中微地震监测资料处理与解释[J]. 油气藏评价与开发, (6): 37-42.

马成英. 2012. 时频属性提取方法及应用[D]. 青岛: 中国海洋大学.

马耕, 张帆, 刘晓, 等. 2016. 天然裂缝对煤岩体水力裂缝扩展影响研究[J]. 河南理工大学学报(自然科学版), (02): 178-182.

马新仿, 李宁, 尹丛彬, 等. 2017. 页岩水力裂缝扩展形态与声发射解释——以四川盆地志留系龙马溪组页岩为例[J]. 石油勘探与开发, 44(5): 1-8.

马新仿, 张士诚. 2002. 水力压裂技术的发展现状[J]. 石油地质与工程, 16(1): 44-47.

马衍坤, 刘泽功, 周健, 等. 2015. 基于孔壁应变发展规律的压裂孔三阶段起裂特征试验研究[J]. 岩土力学, 36(8): 2151-2158.

门晓溪, 唐春安, 李宏, 等. 2014. 单裂隙岩体水力裂缝扩展机理的数值模拟[J]. 应用力学学报, (2): 261-264.

门晓溪. 2015. 岩体渗流-损伤耦合及其水力压裂机理数值试验研究[D]. 沈阳: 东北大学.

闵剑. 2011. 世界页岩气开发现状及影响分析[J]. 当代石油石化, 19(12): 7-11.

那志强. 2009. 水平井压裂起裂机理及裂缝延伸模型研究[D]. 青岛: 中国石油大学.

倪小东, 赵帅龙, 王媛, 等. 2015. 岩体水力劈裂的细观 PFC-CFD 联合分析[J]. 岩石力学与工程学报, (S2): 3862-3870.

潘加松. 2014. 小波脊线提取方法研究及其应用[D]. 南京: 南京航空航天大学.

潘林华, 张烨, 陆朝晖, 等. 2016. 页岩储层复杂裂缝扩展研究[J]. 断块油气田, 23(01): 90-94.

潘仁芳, 黄晓松. 2009. 页岩气及国内勘探前景展望[J]. 中国石油勘探, (03): 6, 9-13.

彭成勇, 朱海燕, 刘书杰, 等. 2014. 斜井水力压裂三维裂缝动态扩展数值模拟[J]. 科技导报, 32(2): 37-43.

蒲泊伶, 蒋有录, 王毅, 等. 2010. 四川盆地下志留统龙马溪组页岩气成藏条件及有利地区分析[J]. 石油学报,

31(2): 225-230.

秦晅, 宋维琪. 2016. 基于同步压缩变换微地震弱信号提取方法研究[J]. 石油物探, 55(1): 60-66.

屈展. 1993. 水力压裂裂缝的分形（fractal）几何描述[J]. 石油学报, 14(4): 91-98.

曲占庆, 温庆志. 2009. 水平井压裂技术[M]. 北京: 石油工业出版社.

任龙涛. 2009. EMD 时频分析的理论与应用研究[D]. 哈尔滨: 哈尔滨工程大学.

任伟新, 韩建刚, 孙增寿. 2006. 小波分析在土木工程结构中的应用[M]. 北京: 中国铁道出版社.

尚帅, 韩立国, 胡玮, 等. 2015. 压缩小波变换地震谱分解方法应用研究[J]. 石油物探, 54(1): 51-55.

尚校森, 丁云宏, 杨立峰, 等. 2016. 基于结构弱面及缝间干扰的页岩缝网压裂技术[J]. 天然气地球科学, (10): 1883-1891.

沈观林. 2006. 复合材料力学[M]. 北京: 清华大学出版社.

师访, 高峰, 杨玉贵. 2014. 正交各向异性岩体裂纹扩展的扩展有限元方法研究[J]. 岩土力学, 35(4): 1203-1210.

师俊平, 解敏, 王静. 2007. 无限大平面中斜裂缝的压剪断裂分析[J]. 工程力学, 23(12): 59-62.

施明明, 张友良, 谭飞. 2013. 修正应变能密度因子准则及岩石裂缝扩展研究[J]. 岩土力学, 34(5): 1313-1318.

时贤, 程远方, 蒋恕, 等. 2014. 页岩储层裂缝网络延伸模型及其应用[J]. 石油学报, 35(6): 1130-1137.

宋维琪, 陈泽东, 毛中华. 2008a. 水力压裂裂缝微地震监测技术[M]. 青岛: 中国石油大学出版社.

宋维琪, 刘军, 陈伟. 2008b. 改进射线追踪算法的微震源反演[J]. 物探与化探, 32(3): 274-278.

宋维琪, 孙英杰, 朱卫星. 2008c. 微地震资料频域相干——时间域偏振滤波方法[J]. 石油地球物理勘探, 43(2): 161-167.

宋维琪, 吕世超, 郭晓中, 等. 2011d. 提高微地震资料信噪比的频率域极化滤波[J]. 石油物探, 50(4): 361-366.

宋维琪, 杨晓东. 2011a. 单震相微地震事件识别与反演[J]. 地球物理学报, 54(6): 1592-1599.

宋维琪, 杨晓东. 2011b. 解域约束下的微地震事件网格搜索法、遗传算法联合反演[J]. 石油地球物理勘探, 46(2): 259-266.

宋维琪, 吕世超. 2011c. 基于小波分解与 Akaike 信息准则的微地震初至拾取方法[J]. 石油物探, 50(1): 14-21.

宋晓晨, 徐卫亚. 2004. 裂隙岩体渗流模拟的三维离散裂隙网络数值模型（Ⅰ）: 裂隙网络的随机生成[J]. 岩石力学与工程学报, 23(12): 2015.

宋元合, 张少标, 丁振红, 等. 2003. 微震监测技术在濮城油田沙三上 5—10 油藏的应用[J]. 石油仪器, 17(4): 11-13.

孙彪. 2014. 页岩气储层水平井水力压裂物理模拟试验研究[D]. 武汉: 中国地质大学.

孙博, 薛世峰, 周博. 2016. 水力裂缝与天然裂缝相互作用与影响[J]. 科学技术与工程, (36): 13-19.

孙成禹, 李振春. 2011. 地震波动力学基础[M]. 北京: 石油工业出版社.

孙可明, 王松, 张树翠. 2014. 页岩气储层水力压裂裂缝扩展数值模拟[J]. 辽宁工程技术大学学报(自然科学版), 33(1): 5-10.

孙艳争. 2007. EMD 时频分析理论与应用研究[D]. 成都: 电子科技大学.

孙英杰. 2008. 微地震震源反演方法研究[D]. 青岛: 中国石油大学.

唐春安, 赵文. 1997. 岩石破裂全过程分析软件系统 RFPA2D[J]. 岩石力学与工程学报, 16(5): 507-508.

唐颖, 唐玄, 王广源, 等. 2011. 页岩气开发水力压裂技术综述[J]. 地质通报, 30(Z1): 393-399.

唐颖, 张金川, 张琴, 等. 2010. 页岩气井水力压裂技术及其应用分析[J]. 天然气工业, 30(10): 33-38, 117.

田伟. 2018. 页岩储层水力压裂复杂裂缝网络数值模拟[D]. 合肥: 中国科学技术大学.

王法轩, 刘长松. 1997. 地层应力测量技术及其在油田开发中的应用[J]. 断块油气田, 4(2): 41-46.

王国庆, 谢兴华, 速宝玉. 2006. 岩体水力劈裂试验研究[J]. 采矿与安全工程学报, 23(4): 480-484.

王国雨. 2013. 微震监测技术在油气勘探中的应用与发展[J]. 中国新技术新产品, (7): 12.

王汉, 陈平, 张智. 2015. 页岩力学参数各向异性对井壁应力的影响[J]. 长江大学学报(自科版), 12(20): 41-46.

王翰. 2013. 水力压裂垂直裂缝形态及缝高控制数值模拟研究[D]. 合肥: 中国科学技术大学.

王鹏, 常旭, 桂志先, 等. 2015. 基于 S 变换的低信噪比微震信息提取方法研究[J]. 岩性油气藏, 27(4): 77-83.

王荣伟, 马榕佐, 肖红梅. 2009. 射线追踪法在水力压裂裂缝微地震正演模拟中的应用[J]. 内江科技, 30(12): 75-75.

王善勇, 唐春安, 徐涛, 等. 2003. 矿柱岩爆过程声发射的数值模拟[J]. 中国有色金属学报, (03): 754-759.

王世谦. 2013. 中国页岩气勘探评价若干问题评述[J]. 地质勘探, 33(12): 13-29.

王素玲, 隋旭, 朱永超. 2016. 定面射孔新工艺对水力裂缝扩展影响研究[J]. 岩土力学, 37(12): 3393-3400.

王晓锋. 2011. 煤储层水力压裂裂缝展布特征数值模拟[D]. 北京: 中国地质大学.

王云宏. 2016. 基于 DIRECT 算法的微震震源快速网格搜索定位方法研究[J]. 地球物理学进展, 31(4): 1700-1708.

王长江, 姜汉桥, 张洪辉, 等. 2008. 水平井压裂裂缝监测的井下微地震技术[J]. 特种油气藏, 15(3): 90-92.

王治中, 邓金根, 赵振峰, 等. 2006. 井下微地震裂缝监测设计及压裂效果评价[J]. 大庆石油地质与开发, 25(6): 76-78.

魏波, 陈军斌, 谢青, 等. 2016. 基于扩展有限元的页岩水平井压裂裂缝扩展模拟[J]. 西安石油大学学报 (自然科学版), 31(2): 70-75, 81.

文成哲. 2010. 微震空间自相关法在地下空间探测中的可行性研究[D]. 长春: 吉林大学.

吴军来, 刘月田. 2010. 基于网格加密的水平井分段压裂模拟[J]. 大庆石油学院学报, 34(6): 53-57.

吴治涛, 李仕雄. 2010. STA/LTA 算法拾取微地震事件 P 波到时对比研究[J]. 地球物理学进展, 25(5): 1577-1582.

吴治涛, 骆循, 李仕雄. 2012. 联合小波变换与偏振分析自动拾取微地震 P 波到时[J]. 地球物理学进展, 27(1): 131-136.

吴忠宝, 胡文瑞, 宋新民, 等. 2009a. 天然微裂缝发育的低渗透油藏数值模拟[J]. 石油学报, 30(5): 727-730.

吴忠宝, 胡文瑞, 宋新民, 等. 2009b. 整体水力压裂油藏裂缝—油藏耦合数值模拟研究[J]. 油气地质与采收率, 16(2): 70-73.

武鹏飞. 2017. 煤岩复合体水压致裂裂纹扩展规律试验研究[D]. 太原: 太原理工大学.

夏惠芬, 李福军. 1996. 水力压裂垂直裂缝几何形态数值模拟及影响因素分析[J]. 大庆石油学院学报, 20(1): 10-13.

鲜学福, 谭学术. 1989. 层状岩体破坏机理[M]. 重庆: 重庆大学出版社.

肖晖. 2014. 裂缝性储层水力裂缝动态扩展理论研究[D]. 成都: 西南石油大学.

徐建永, 武爱俊. 2010. 页岩气发展现状及勘探前景[J]. 特种油气藏, 17(5): 1-7.

徐钰, 曾维辉, 宋建国, 等. 2012. 浅层折射波勘探中初至自动拾取新算法[J]. 石油地球物理勘探, 47(2): 218-224.

徐芝纶. 1979. 弹性力学[M]. 北京: 人民教育出版社.

徐芝纶. 2006. 弹性力学(上册)[M]. 北京: 高等教育出版社.

许大为, 潘一山, 李国臻, 等. 2007. 基于小波变换的矿山微震信号滤波方法研究[J]. 矿业工程, 5(2): 66-68.

许丹, 胡瑞林, 高玮, 等. 2015. 页岩纹层结构对水力裂缝扩展规律的影响[J]. 石油勘探与开发, 42(4): 523-528.

杨光, 衣军, 徐继昌, 等. 2013. 页岩储层水力压裂裂缝展布数值模拟研究[J]. 科技创新与应用, 4: 26-27.

杨心超, 朱海波, 李宏, 等. 2016. 基于 P 波辐射花样的压裂微地震震源机制反演方法研究及应用[J]. 石油物探, 55(05): 640-648.

杨秀夫, 刘希圣. 1998. 国内外水力压裂技术现状及发展趋势[J]. 钻采工艺, 21(4): 21-25.

杨征. 2016. 页岩的物理力学各向异性及拉伸剪切破裂特征研究[D]. 北京: 北京交通大学.

叶根喜, 姜福兴, 杨淑华. 2008. 时窗能量特征法拾取微地震波初始到时的可行性研究[J]. 地球物理学报, 51(5): 1574-1581.

尹帅, 丁文龙, 孙雅雄, 等. 2016. 泥页岩单轴抗压破裂特征及 UCS 影响因素[J]. 地学前缘, 23(2): 75-95.

喻勇, 陈平. 2005. 岩石巴西圆盘试验中的空间拉应力分布[J]. 岩土力学, (12): 1913-1916.

袁俊亮, 邓金根, 张定宇, 等. 2013. 页岩气储层可压裂性评价技术[J]. 石油学报, (03): 523-527.

翟鸿宇, 常旭, 王一博, 等. 2016. 含衰减地层微地震震源机制反演及其反演分辨率[J]. 地球物理学报, (08): 3025-3036.

詹毅, 钟本善. 2004. 利用小波变换提高地震波初至拾取的精确度[J]. 成都理工大学学报 (自然科学版), 31(6): 703-707.

曾青冬, 姚军, 孙致学. 2015. 页岩气藏压裂缝网扩展数值模拟[J]. 力学学报, 47(6): 994-999.

曾青冬, 姚军. 2014. 基于扩展有限元的页岩水力压裂数值模拟[J]. 应用数学和力学, 35(11): 1239-1248.

曾庆磊, 庄苗, 柳占立, 等. 2016. 页岩水力压裂中多簇裂缝扩展的全耦合模拟[J]. 计算力学学报, 33(04): 643-648.

张伯虎, 邓建辉. 2016. 工程岩体微震机制及其应用[M]. 北京: 科学出版社.

张搏, 李晓, 王宇, 等. 2015. 油气藏水力压裂计算模拟技术研究现状与展望[J]. 工程地质学报, 23(2): 301-310.

张东晓, 杨婷云. 2013. 页岩气开发综述[J]. 石油学报, 34(04): 792-801.

张国强. 2008. 盐岩地层水力裂缝扩展试验研究[J]. 石油天然气学报, 30(2): 558-559.

张辉. 2015. 鄂西渝东东岳庙段页岩储层水力裂缝扩展形态与影响因素研究[J]. 江汉石油职工大学学报, 28(4): 10-12.

张健, 张国祥, 王金意, 等. 2018. 页岩压裂影响因素三维模型数值分析[J]. 地质学刊, 42(01): 127-130.

张金才, 尹尚先. 2014. 页岩油气与煤层气开发的岩石力学与压裂关键技术[J]. 煤炭学报, 39(08): 1691-1699.

张金川, 边瑞康, 荆铁亚, 等. 2011. 页岩气理论研究的基础意义[J]. 地质通报, 30(2): 318-323.

张劲, 张士诚. 2004. 水平多缝间的相互干扰研究[J]. 岩石力学与工程学报, 23(14): 2351-2354.

张军华, 赵勇, 赵爱国, 等. 2002. 用小波变换与能量比方法联合拾取初至波[J]. 物探化探计算技术, 24(4): 309-312.

张可. 2017. 页岩的各向异性对力学性能的影响以及应变率效应研究[D]. 成都: 西南科技大学.

张利萍, 潘仁芳. 2009. 页岩气的主要成藏要素与气储改造[J]. 中国石油勘探, 3: 20-23.

张潦源, 李连崇, 李爱山, 等. 2015. 层状页岩储层缝网形成规律的数值模拟研究[J]. 广州化工, 43(18): 1-4.

张烈辉, 杜志敏, 代艳英. 1997. 一个可靠的水平井混合网格模型[J]. 石油学报, 18(3): 77-82.

张娜玲. 2010. 基于微地震监测的油井压裂裂缝成像算法研究[D]. 长春: 吉林大学.

张强德, 杨东兰, 申梅英, 等. 2002. 子寅油田仑16—27井微地震裂缝监测技术[J]. 断块油气田, 9(6): 16-18.

张然, 李根生, 赵志红, 等. 2014. 压裂中水力裂缝穿过天然裂缝判断准则[J]. 岩土工程学报, 36(3): 585-588.

张汝生, 王强, 张祖国, 等. 2012. 水力压裂裂缝三维扩展 ABAQUS 数值模拟研究[J]. 石油钻采工艺, 34(6): 69-72.

张士诚, 郭天魁, 周彤, 等. 2014. 天然页岩压裂裂缝扩展机理试验[J]. 石油学报, 35(03): 496-503, 518.

张树文, 鲜学福, 周军平, 等. 2017. 基于巴西劈裂试验的页岩声发射与能量分布特征研究[J]. 煤炭学报, 42(S2): 346-353.

张伟, 王彦春, 李洪臣, 等. 2009. 地震道瞬时强度比法拾取初至波[J]. 地球物理学进展, 24(1): 201-204.

张旭, 蒋廷学, 贾长贵, 等. 2013 页岩气储层水力压裂物理模拟试验研究[J]. 石油钻探技术, 41(02): 70-74.

张杨, 袁学芳, 闫铁, 等. 2013. 水力裂缝分形扩展对压裂效果的影响[J]. 石油钻探技术, 41(4): 101-104.

张烨, 潘林华, 周彤, 等. 2015. 页岩水力压裂裂缝扩展规律实验研究[J]. 科学技术与工程, 15(5): 11-16.

张一鸣. 2014. 水平井水力裂缝起裂与延伸规律研究[D]. 大庆: 东北石油大学.

张永泽. 2016. 鄂西渝东页岩力学性能的各向异性研究[D]. 绵阳: 西南科技大学.

张予生, 魏红革, 刘文科. 2005. 应用微地震方法进行 S9—171 井人工裂缝监测[J]. 吐哈油气, 10(3): 243-244.

张元鹏, 梁晨, 吴文佳. 2010. 基于 QT 的能量比法地震波初至拾取系统设计[J]. 石油地球物理勘探, 45((1): 156-159.

张远弟, 喻高明, 宋刚祥, 等. 2012. 国外页岩气藏数值模拟技术调研[J]. 油气地球物理, 10(03): 40-43.

张志超, 张会星. 2016. 同步压缩小波变换在油气检测中的应用[J]. 中国煤炭地质, 28(5): 67-70.

赵海峰, 陈勉, 金衍, 等. 2012. 页岩气藏网状裂缝系统的岩石断裂动力学[J]. 石油勘探与开发, 39(04): 465-470.

赵海军, 马凤山, 刘港, 等. 2016. 不同尺度岩体结构面对页岩气储层水力压裂裂缝扩展的影响[J]. 工程地质学报, 5: 992-1007.

赵金洲, 许文俊, 李勇明, 等. 2015. 页岩气储层可压性评价新方法[J]. 天然气地球科学, (06): 1165-1172.

赵金洲. 2016. 页岩气藏缝网压裂数值模拟[M]. 北京: 科学出版社.

赵淑红, 朱光明. 2007. S 变换时频滤波去噪方法[J]. 石油地球物理勘探, 42(4): 402-406.

赵熙. 2017. 页岩压裂裂纹三维起裂与扩展行为的数值模拟与实验研究[D]. 北京: 中国矿业大学.

赵小平, 陈淑芬. 2015. 基于声发射振幅分布的裂隙岩体破坏演化过程[J]. 岩石力学与工程学报, 34(s1): 3012-3017.

赵兴东, 李元辉, 刘建坡, 等. 2008. 基于声发射及其定位技术的岩石破裂过程研究[J]. 岩石力学与工程学报, 27(5): 990-995.

赵兴东, 李元辉, 袁瑞甫, 等. 2007. 基于声发射定位的岩石裂纹动态演化过程研究[J]. 岩石力学与工程学报, 26(5): 944-950.

赵益忠, 曲连忠, 王幸尊, 等. 2007. 不同岩性地层水力压裂裂缝扩展规律的模拟实验[J]. 中国石油大学学报(自然科学版), 31(3): 63-66.

中国航空研究院. 1993. 应力强度因子手册[M]. 北京: 科学出版社.

钟建华, 刘圣鑫, 马寅生, 等. 2015. 页岩脆性破裂特征与微观破裂机理[J]. 石油勘探与开发, 42(2): 242-250.

周东平, 李栋. 2017. 煤矿井下水力压裂裂缝监测技术研究[J]. 煤炭技术, 36(11): 151-154.

周枫, 刘卫华, 娄相. 2016. 四川盆地龙马溪组页岩各向异性影响因素[J]. 地质学刊, 40(04): 583.

周健, 陈勉, 金衍, 等. 2007. 裂缝性储层水力裂缝扩展机理试验研究[J]. 石油学报, 28(5): 109-113.

周婕, 高敬文, 何平, 等. 2005. 微地震裂缝监测系统在鄯善油田的应用[J]. 油气井测试, 14(6): 62-64.

朱海波, 杨心超, 王瑜, 等. 2014. 水力压裂微地震监测的震源机制反演方法应用研究[J]. 石油物探, 53(5): 556-561.

朱卫星, 宋洪亮, 曹自强, 等. 2010. 自适应极化滤波在微地震信号处理中的应用[J]. 勘探地球物理进展, 33(5): 367-371.

庄照锋, 张士诚, 王伯军, 等. 2008. 射孔对破裂压力及裂缝形态影响数值模拟研究[J]. 西南石油大学学报, 30(4): 141-144.

庄茁, 柳占立, 成斌斌, 等. 2012. 扩展有限单元法[M]. 北京: 清华大学出版社.

庄茁, 柳占立, 王涛, 等. 2016. 页岩水力压裂的关键力学问题[J]. 科学通报, 61(01): 72-81.

左国平, 王彦春, 隋荣亮. 2004. 利用能量比法拾取地震初至的一种改进方法[J]. 石油物探, 43(4): 345-347.

Abaqus V. 2014. 6.14 Documentation[J]. Dassault Systemes Simulia Corporation.

Abaqus V. 2016. 6.16 Documentation[J]. Dassault Systemes Simulia Corporation.

Abdollahipour A, Marji M F, Bafghi A Y, et al. 2016. A complete formulation of an indirect boundary element method for poroelastic rocks[J]. Computers & Geotechnics, 74: 15-25.

Abdulaziz A M. 2013. Microseismic imaging of hydraulically induced-fractures in gas reservoirs: a case study in Barnett shale gas reservoir, Texas, USA[J]. Open Journal of Geology, 3(5): 361-369.

Aki K, Richards P G. 1980. Quantitative Seismology: Theory and Methods [M]. San Francisco: W. H. Freeman.

Aminzadeh F, Tafti T A, Maity D. 2013. An integrated methodology for sub-surface fracture characterization using microseismic data: A case study at the NW Geysers[J]. Computers & Geosciences, 54(54): 39-49.

Arash D T. 2009. Analysis of hydraulic fracture propagation in fractured reservoir: an improved model for the interaction between induced and natural fractures[D]. Texas: University of Texas at Austin.

Arash D T. 2011a. Numerical modeling of multi-stranded hydraulic fracture propagation: accounting for the interaction between include and natural fractures[J]. SPE Journal, 16(3): 575-581.

Arash D T. 2011b. Modeling simultaneous growth of multi-branch hydraulic fractures[C]. 45th US Rock Mechanics/Geomechanics Symposium, San Franciso, California. USA.

Backus G, Mulcahy M. 1976. Moment tensors and other phenomenological descriptions of seismic sources—I. continuous displacements[J]. Geophysical Journal International, 46(2): 341-361.

Baig A, Urbancic T. 2010. Microseismic moment tensors: A path to understanding frac growth[J]. Leading Edge, 29(3): 320-324.

Baird A F, Kendall J M, Verdon J P, et al. 2013. Monitoring increases in fracture connectivity during hydraulic stimulations from temporal variations in shear wave splitting polarization[J]. Geophysical Journal International, 195: 1120-1131.

Behnia M, Goshtasbi K, Marji M F, et al. 2015. Numerical simulation of interaction between hydraulic and natural fractures in discontinuous media[J]. Acta Geotechnica, 10(4): 533-546.

Ben Y, Wang Y, Shi G, et al. 2013. Challenges of simulating hydraulic fracturing with DDA[C]. Proceedings of 3rd ISRM Syposium on Rock Mechanics, Shanghai.

Ben Y, Xue J, Miao Q, et al. 2011. Coupling fluid flow with discontinuous deformation analysis[C]. Proceedings of 10th International Conference on Advance in Discontinuous Numerical Methods and Applications in Geomechanics and Geoengineering, Hawaii.

Ben Y, Xue J, Miao Q, et al. 2012. Simulating hydraulic fracturing with discontinuous deformation analysis[C]. Proceedings of the 46th American Rock Mechanics Symposium, Chicago.

Benzeggagh M L, Kenane M. 1996. Measurement of mixed-mode delamination fracture toughness of unidirectional glass/epoxy composites with mixed-mode bending apparatus[J]. Composites Science & Technology, 56(4): 439-449.

Blair S C, Thorpe R K, Heuze F E, et al. 1989. Laboratory observations of the effect of geologic discontinuities on hydrofracture propagation[C]//The 30th US Symposium on Rock Mechanics (USRMS).

Bouteca M J. 1984. 3D analytical model for hydraulic fracturing: theory and field test[C]//SPE Annual Technical Conference and Exhibition. Society of Petroleum Engineers.

Bowker K A. 2003. Recent development of the Barnett shale play[J]. Fort Worth Basin: West Texas Geological Society Bulletin, 42(6): 4-11.

Bowker K A. 2007. Barnett shale gas production, Fort Worth basin: Issues and discussion[J]. AAPG Bulletin, 91(4): 523 -533.

Busetti S, Jiao W, Reches Z. 2014a. Geomechanics of hydrolic fracturing microseismicity: Part 1. Shear, hybrid, and tensile events[J]. AAPG Bulletin, 98(11): 2439-2457.

Busetti S, Jiao W, Reches Z. 2014b. Geomechanics of hydrolic fracturing microseismicity: Part 2. Stress state determination[J]. AAPG Bulletin, 98(11): 2459-2476.

Camanho P P, Davila C G. 2002. Mixed-mode decohesion finite elements for the simulation of delamination in composite materials[R]. NASA, TM-2002-211737.

Campilho R, Banea M D, Chaves F J P, et al. 2011. eXtended Finite Element Method for fracture characterization of adhesive joints in pure mode I[J]. Computational Materials Science, 50(4): 1543-1549.

Carmona R, Hwang W L, Torresani B. 1998. Practical Time-Frequency Analysis: Gabor and wavelet transforms, with an implementation in S[M]. Academic Press.

Chapman C H, Leaney W S. 2012. A new moment-tensor decomposition for seismic events in anisotropic media[J]. Geophysical Journal International, 188(1): 343-370.

Chapman C H, Leaney W S. 2015. Erratum: A correction to 'A new moment-tensor decomposition for seismic events in anisotropic media' [J]. Geophysical Journal International, 188(1): 343-370.

Chen Y, Liu T, Chen X, et al. 2014. Time-frequency analysis of seismic data using synchrosqueezing wavelet transform[M]//SEG Technical Program Expanded Abstracts. Society of Exploration Geophysicists: 1589-1593.

Chen Z. 2013. An ABAQUS implementation of the XFEM for hydraulic fracture problems[C]//ISRM International Conference for Effective and Sustainable Hydraulic Fracturing. International Society for Rock Mechanics.

Cheng W, Jin Y, Chen M. 2015. Reactivation mechanism of natural fractures by hydraulic fracturing in naturally fractured shale reservoirs[J]. Journal of Natural Gas Science & Engineering, 23: 431-439.

Chui C K, Mhaskar H N. 2016. Signal decomposition and analysis via extraction of frequencies[J]. Applied and Computational Harmonic Analysis, 40(1): 97-136.

Clarkson C R, Beierle J J. 2011. Integration of microseismic and other post-fracture surveillance with production analysis: a tight gas study[J]. Journal of Natural Gas Science and Engineering, 3(2): 382-401.

Curtis J B. 2002. Fractured shale-gas systems[J]. AAPG Bulletin, 86(11): 1921-1938.

Dahi-Taleghani A, Olson J E. 2011. Numerical modeling of multi-stranded hydraulic fracture propagation: accounting for the interaction between induced and natural fractures[J]. SPE Journal, 16(3): 575-581.

Dahm T. 1996. Relative moment tensor inversion based on ray theory: theory and synthetic tests[J]. Geophysical Journal International, 124(1): 245-257.

Dan X U, Ruilin H U, Wei G A O, et al. 2015. Effects of laminated structure on hydraulic fracture propagation in shale[J]. Petroleum Exploration and Development, 42(4): 573-579.

Dando B D E, Chambers K, Velasco R. 2014. A robust method for determining moment tensors from surface microseismic data[C]. SEG Annual Meeting, SEG Technical Program Expanded Abstracts, SEG: 2261-2266.

Daneshy A A. 2003. Off-balance growth: a new concept in hydraulic fracturing[J]. Journal of Petroleum Technology, 55(4): 78-85.

Das I, Zoback M D. 2011. Long period, long duration seismic events during hydraulic fracture stimulation of a shale gas reservoir[J]. Leading Edge, 30(7): 778-786.

Das I, Zoback M D. 2013. Long-period long-duration seismic events during hydraulic stimulation of shale and tight-gas reservoirs — Part 2: Location and mechanisms[J]. Geophysics, 78(6): KS97-KS105.

Daubechies I, Lu J, Wu H T. 2011. Synchrosqueezed wavelet transforms: An empirical mode decomposition-like tool[J]. Applied & Computational Harmonic Analysis, 30(2): 243-261.

Daubechies I. 1996. A nonlinear squeezing of the continuous wavelet transform based on auditory nerve models[J]. Wavelets in Medicine and Biology: 527-546.

Du Z, Foulger G R, Mao W. 2000. Noise reduction for broad-band, three-component seismograms using data-adaptive polarization filters[J]. Geophysical Journal International, 141(3): 820-828.

Eaton D W, Baan M V D, Birkelo B, et al. 2014. Scaling relations and spectral characteristics of tensile microseisms: evidence for opening/closing cracks during hydraulic, fracturing[J]. Geophysical Journal International, 196(3): 1844-1857.

Economides M J, Nolte K G. 2000. Reservoir stimulation[M]. New Jersey: John Wiley and Sons.

Eisner L, Abbott D, Barker W B, et al. 2008. Noise suppression for detection and location of microseismic events using a matched filter[M]. SEG Technical Program Expanded Abstracts. Society of Exploration Geophysicists: 1431-1435.

Eisner L, Thornton M, Griffin J. 2011. Challenges for microseismic monitoring[J]. SEG Technical Program Expanded Abstracts, 30(1): 1519-1523.

Eisner L, Williams-Stroud S, Hill A, et al. 2010. Beyond the dots in the box-microseismicity-constrained fracture models for reservoir simulation[J]. Leading Edge, 29(3): 326-333.

Enoki M, Kishi T. 1988. Theory and analysis of deformation moment tensor due to microcracking[J]. International Journal of Fracture, 38(4): 295-310.

Erdogan F, Sih G C. 1963. On the crack extension in plates under plane loading and transverse shear[J]. Journal of Basic Engineering, 85(4): 519-525.

Fischer T, Hainzl S, Jechumtalova Z, et al. 2008. Microseismic signatures of hydraulic fracture propagation in sediment formations[C]. Thirty-Third Workshop on Geothermal Reservoir Engineering. Stanford: Stanford University.

Fries T P, Belytschko T. 2010. The extended/generalized finite element method: an overview of the method and its applications[J]. International Journal for Numerical Methods in Engineering, 84(3): 253-304.

Fu P, Johnson S M, Carrigan C R. 2013. An explicitly coupled hydro-geomechanical model for simulating hydraulic fracturing in complex discrete fracture networks[J]. International Journal for Numerical and Analytical Methods in Geomechanics, 7(14): 2278-2300.

Gabor D. 1946. Theory of communication. Part 1: The analysis of information[J]. Journal of the Institution of Electrical Engineers-Part III: Radio and Communication Engineering, 93(26): 429-441.

Geertsma J, de Klerk F. 1969. A rapid method of predicting width and extent of hydraulically induced fractures[J]. Journal of Petroleum Technology, 21(12): 1571-1581.

Gharti H N, Oye V, Kühn D, et al. 1949. Simultaneous microearthquake location and moment-tensor estimation using time - reversal imaging[C]. SEG Technical Program Expanded: 1632-1637.

Gilbert F. 1971. Excitation of the normal modes of the earth by earthquake sources[J]. Geophysical Journal of the Royal Astronomical Society, 22(2): 223-226.

Goodarzi M, Mohammadi S, Jafari A. 2015. Numerical analysis of rock fracturing by gas pressure using the extended finite element method[J]. Petroleum Science, 12(2): 304-315.

Grechka V. 2015. On the feasibility of inversion of single-well microseismic data for full moment tensor[J]. Geophysics, 80(4): KS41-KS49.

Gu H, Weng X, Lund J B, et al. 2011. Hydraulic fracture crossing natural fracture at non-orthogonal angles, a criterion, its validation and applications[J]. SPE Production & Operations, 27(1).

Guest A, Settari T. 2010. Numerical model of microseismicity in hydrofracturing: our prediction for seismic moment tensors[C]. Geo Canada 2010-Working with the Earth, Canada.

Guo J C, Zhao X, Zhu H Y, et al. 2015a. Numerical simulation of interaction of hydraulic fracture and natural fracture based on the cohesive zone finite element method[J]. Journal of Natural Gas Science and Engineering, 25: 180-188.

Guo J, He S, Yan D, et al. 2015b. New stress and initiation model of hydraulic fracturing based on nonlinear constitutive equation[J]. Journal of Natural Gas Science & Engineering, 27(part_P2): S1875510015301463.

Guo T, Zhang S, Qu Z, et al. 2014. Experimental study of hydraulic fracturing for shale by stimulated reservoir volume[J]. Fuel, 128: 373-380.

Haimson B, Fairhurst C. 1969. Hydraulic fracturing in porous-permeable materials[J]. Journal of Petroleum Technology, 21(7): 811-817.

Hardebeck J L, Shearer P M. 2003. Using S/P amplitude ratios to constrain the focal mechanisms of small earthquakes[J]. Bulletin of the Seismological Society of America, 93(6): 2434-2444.

Hardebeck J L, Shearer P M. 2002. Using S/P amplitude ratios to improve earthquake focal mechanisms: two examples from southern California[J]. American Geophysical Union, Fall Meeting Suppl., 83(47), abstract S72E-01.

Hartwig A, Schulz H M. 2010. Applying classical shale gas evaluation concepts to Germany—Part I: The basin and slope deposits of the Stassfurt Carbonate (Ca2, Zechstein, Upper Permian) in Brandenburg[J]. Chemie der Erde - Geochemistry, 70(1): 77-91.

Hazzard J F, Young P R. 2002. Moment tensors and micromechanical models[J]. Tectonophysics, 356(1-3): 181-197.

Hazzard J F, Young P R. 2004. Dynamic modeling of induced seismicity[J]. International Journal of Rock Mechanics and Mining Sciences, 41(8): 1365-1376.

Hudson J A, Pearce R G, Rogers R M. 1989. Source type plot for inversion of the moment tensor[J]. Journal of Geophysical Research Atmospheres, 94(B1): 765-774.

Hussain M A, Pu S L. 1975. Strain Energy Release Rate for a Crack under Complex Loading[R]. Watervliet Arsenal NY.

Irwin G R. 1997. Analysis of stresses and strains near the end of a crack traversing a plate[J]. Spie Milestone Series MS, 137(16): 167-170.

Islam M R, Hayashi D, Kamruzzaman A B M. 2009. Finite element modeling of stress distributions and problems for multi-slice longwall mining in Bangladesh, with special reference to the Barapukuria coal mine[J]. International Journal of Coal Geology, 78(2): 91-109.

Ito T, Hayashi K. 1993. Analysis of crack reopening behavio for hydrofrac stress measurement[C]//International journal of rock mechanics and mining sciences & geomechanics abstracts. Pergamon, 30(7): 1235-1240.

J. 贝尔. 1983. 多孔介质流体动力学[M]. 李竞生, 陈崇希, 译. 北京: 中国建筑工业出版社.

Jackson R B, Vengosh A, Darrah T H, et al. 2013. Increased stray gas abundance in a subset of drinking water wells near Marcellus shale gas extraction[J]. Proceedings of the National Academy of Sciences, 110(28): 11250-11255.

Jaeger J C, Cook N G W. 1981. 岩石力学基础[M]. 中国科学院工程力学研究所, 译. 北京: 科学出版社.

Jarvie D M, Hill R J, Ruble T E, et al. 2007. Unconventional shale-gas systems: The Mississippian Barnett shale of north-central Texas as one model for thermogenic shale –gas assessment[J]. AAPG Bulletin, 91(4): 475-499.

Jenkins C D, Boyer C M. 2008. Coalbed-and shale-gas reservoirs[J]. Journal of Petroleum Technolog, 60(2): 92-99.

Jiang Y, Tay T E, Chen L, et al. 2013. An edge-based smoothed XFEM for fracture in composite materials[J].

International Journal of Fracture, 179(1-2): 179-199.

Josh M, Esteban L, Piane C D, et al. 2012. Laboratory characterisation of shale properties[J]. Journal of Petroleum Science & Engineering, s88-89(2): 107-124.

Kawasaki Y, Wakuda T, Kobarai T, et al. 2013. Corrosion mechanisms in reinforced concrete by acoustic emission[J]. Construction & Building Materials, 48(19): 1240-1247.

Kendall M, Maxwell S, Foulger G, et al. 2011. Microseismicity: Beyond dots in a box—Introduction[J]. Geophysics, 76(6): WC1-WC3.

Keshavarzi R, Mohammadi S. 2012. A new approach for numerical modeling of hydraulic fracture propagation in naturally fractured reservoirs[C]. SPE/EAGE European Unconventional Resources Conference & Exhibition-From Potential to Production, Austria.

Kharak Y K, Thordsen J J, Conaway C H, et al. 2013. The energy-water nexus: potential groundwater-quality degradation associated with production of shale gas[J]. Procedia Earth and Planetary Science, 7: 417-422.

Knopoff L, Randall M J. 1970. The compensated linear-vector dipole: A possible mechanism for deep earthquakes[J]. Journal of Geophysical Research Atmospheres, 75(26): 4957-4963.

Kresse O, Weng X, Gu H R, et al. 2013. Numerical modeling of hydraulic fractures interaction in complex naturally fractured formations[J]. Rock Mechanics and Rock Engineering, 46(3): 555-568.

Lecampion B. 2009. An extended finite element method for hydraulic fracture problems[J]. International Journal for Numerical Methods in Biomedical Engineering, 25(2): 121-133.

Li J, Li C, Morton S A, et al. 2014. Micro seismic joint location and anisotropic velocity inversion for hydraulic fracturing in a tight Bakken reservoir[J]. Geophysics, 79(5): C111-C122.

Li Q, Xing H, Liu J, et al. 2015. A review on hydraulic fracturing of unconventional reservoir[J]. Petroleum, 1(1): 8-15.

Lou Y, Zhang G, Wang X. 2017. Study on fracture mechanism of hydraulic fracturing in sandstone by acoustic emission parameters[J]. Procedia Engineering, 191: 291-298.

Lubinski A. 1954. The theory of elasticty for porous bodies displaying a strong pore structure[C]. Proceedings of the 2nd US National Congress of Applied Mechanics: 247-256.

Manoharan M G, Sun C T. 1990. Strain energy release rates of an interfacial crack between two anisotropic solids under uniform axial strain[J]. Composites Science & Technology, 39(2): 99-116.

Manthei G, Eisenblätter J, Dahm T. 2001. Moment tensor evaluation of acoustic emission sources in salt rock[J]. Construction & Building Materials, 15(5): 297-309.

Marina S, Derek I, Mohamed P Y, et al. 2015. Simulation of the hydraulic fracturing process of fractured rocks by the discrete element method[J]. Environmental Earth Sciences, 73(12): 8451-8469.

Maxwell S. 2014. Microseismic imaging of hydraulic fracturing: Improved engineering of unconventional shale reservoirs[M]. Tulsa: Society of Exploration Geophysicists.

Megorden M P, Jiang H, Bentley P J D. 2013. Improving hydraulic fracture geometry by directional drilling in coal seam gas formation[A]//SPE-167053-MS.

Meyer B R, Bazan L W. 2011. A discrete fracture network model for hydraulically induced fractures-theory, parametric and case studies[C]. SPE Hydraulic Fracturing Technology Conference, USA.

Meyer B, Bazan L, Jacot R, et al. 2010. Optimization of multiple transverse hydraulic fractures in horizontal wellbores[C]. SPE Unconventional Gas Conference, USA.

Moës N, Belytschko T. 2002. Extended finite element method for cohesive crack growth[J]. Engineering Fracture Mechanics, 69(7): 813-833.

Moës N, Dolbow J, Belytschko T. 1999. A finite element method for crack growth without remeshing[J]. International Journal for Numerical Methods in Engineering, 46(1): 131-150.

Mohammadnejad T, Khoei A R. 2013. An extended finite element method for hydraulic fracture propagation in deformable porous media with the cohesive crack model[J]. Finite Elements in Analysis and Design, 73: 77-95.

Montgomery S L, Jarvie D M, Bowker K A, et al. 2005. Mississippi-an Barnett shale, Fort Worth basin, north-central Texas: Gas-shale play with multi-trillion cubic foot potential[J]. AAPG Bulletin, 89(2): 155-175.

Nagel N B, Gil I, Sanchez-Nagel M. 2011. Simulating hydraulic fracturing in real fractured rock-overcoming the limits of pseudo 3D models[C]. SPE Hydraulic Fracturing Technology Conference and Exhibition, Texas.

Nagel N B, Sanchez M A, Lee B. 2012. Gas shale hydraulic fracturing: a numerical evaluation of the effect of geomechanical parameters[C]//SPE Hydraulic Fracturing Technology Conference. Society of Petroleum Engineers.

Nagel N B, Sanchez-Nagel M A, Zhang F, et al. 2013. Coupled numerical evaluations of the geomechanical interactions between a hydraulic fracture stimulation and a natural fracture system in shale formations[J]. Rock Mechanics & Rock Engineering, 46(3): 581-609.

Nettleton L L. 1972. Underground waste management and environmental implications[J]. Geophysics, 37(3): 538-539.

Niandou H, Shao J F, Henry J P, et al. 1997. Laboratory investigation of the mechanical behavior of Tournemire shale[J]. International Journal of Rock Mechanics and Mining Sciences, 34(1): 3-16.

Nistor I, Pantalé O, Caperaa S. 2007. Numerical propagation of dynamic cracks using X-FEM[J]. European Journal of Computational Mechanics/Revue Européenne de Mécanique Numérique, 16(2): 183-198.

Nordgren R P. 1972. Propagation of a vertical hydraulic fracture[J]. Society of Petroleum Engineers Journal, 12(04): 306-314.

Nur A. 1972. Dilatancy, pore fluids, and premonitory variations of ts/tp travel times[J]. Bulletin of the Seismological Society of America, 62(5): 1-20.

Ohno K, Ohtsu M. 2010. Crack classification in concrete based on acoustic emission[J]. Construction & Building Materials, 24(12): 2339-2346.

Ohtsu M. 1991. Simplified moment tensor analysis and unified decomposition of acoustic emission source: Application to in situ hydrofracturing test[J]. Journal of Geophysical Research Solid Earth, 96(1): 6211-6221.

Ohtsu M. 1995. Acoustic emission theory for moment tensor analysis[J]. Research in Nondestructive Evaluation, 6(3): 169-184.

Olson J E, Taleghani A D. 2009. Modeling simultaneous growth of multiple hydraulic fractures and their interaction with natural fractures[C]. SPE Hydraulic Fracturing Technology Conference, Woodlands, Texas, USA.

Olson J E. 2008. Multi-fracture propagation modeling: Applications to hydraulic fracturing in shales and tight gas sands[C]. 42nd US Rock Mechanics Symposium(USRMS), San Francisco, California, USA.

Olson J E. 1995. Fracturing from highly deviated and horizontal wells: numerical analysis of non-planarfracture propagation[R]//SPE-29573.

Page J C, Miskimins J L. 2008. A comparison of hydraulic and propellant fracture propagation in a shale gas reservoir[C]//Canadian International Petroleum Conference. Petroleum Society of Canada.

Peirce A P, Bunger A P. 2014. Interference fracturing: nonuniform distributions of perforation clusters that promote simultaneous growth of multiple hydraulic fractures[A]//SPE-172500-PA.

Phllips W S, Rutledge J T, House L S, et al. 2002. Induced micro-earthquake patterns in hydrocarbon and geothermal reservoirs: six case studies[J]. Pure and Applied Geophysics, (159): 345-369.

Poliannikov O V, E. Malcolm A, Djikpesse H, et al. 2011. Interferometric hydrofracture microseism localization using neighboring fracture[J]. Geophysics, (76): WC27-WC36.

Poliannikov O V, Prange M, Malcolm A E, et al. 2014. Joint location of microseismic events in the presence of velocity uncertainty[J]. Geophysics, 79(6): KS51-KS60.

Raef A E, Kamari A, Totten M, et al. 2018. The dynamic elastic and mineralogical Brittleness of Woodford shale of the Anadarko Basin: Ultrasonic P-wave and S -wave velocities, XRD-Mineralogy and predictive models[J]. Journal of Petroleum Science and Engineering, 169: 33-43.

Reid H F. 1991. The elastic-rebound theory of earthquakes[J]. Bull. Dept. Geol. Univ. Calif, (6): 412-444.

Remmers J J C, de Borst R, Needleman A. 2008. The simulation of dynamic crack propagation using the cohesive segments method[J]. Journal of the Mechanics and Physics of Solids, 56(1): 70-92.

Ren Q W, Dong Y W, Yu T T. 2009. Numerical modeling of concrete hydraulic fracturing with extended finite element method[J]. Science in China Series E: Technological Sciences, 52(3): 559-565.

Ren T X, Reddish D J, Styles P. 2001. Numerical modeling and micro seismic monitoring to improve strata behaviour[J]. Computer Applications in the Minerals Industries, 5: 2-10.

Réthoré J, de Borst R, Abellan M A. 2008. A two-scale model for fluid flow in an unsaturated porous medium with cohesive cracks[J]. Computational Mechanics, 42(2): 227-238.

RILEM Technical Committee (Masayasu Ohtsu). 2010. Recommendation of RILEM TC 212-ACD: acoustic emission and related NDE techniques for crack detection and damage evaluation in concrete*[J]. Materials and Structures, 43(9): 1187-1189.

Rodriguez I V, Bonar D, Sacchi M. 2012. Microseismic data denoising using a 3C group sparsity constrained time-frequency transform[J]. Geophysics, 77(2): V21-V29.

Rutledge J T, Phillips W S. 2003. Hydraulic stimulation of natural fractures as revealed by induced microearthquakes, Carthage Cotton Valley gas field, east Texas[J]. Geophysics, 68(2): 441-452.

Sabbione J I, Velis D R, Sacchi M D. 2013. Microseismic data denoising via an apex-shifted hyperbolic Radon transform[M]//SEG Technical Program Expanded Abstracts. Society of Exploration Geophysicists: 2155-2161.

Sarmadivaleh M, Rasouli V. 2014. Modified reinshaw and pollard criteria for a non-orthogonal cohesive natural interface intersected by an induced fracture[J]. Rock Mechanics and Rock Engineering, 47(6): 2107-2115.

Sattar F, Salomonsson G. 1999. The use of a filter bank and the Wigner-Ville distribution for time-frequency representation[J]. IEEE Transactions on Signal Processing, 47(6): 1776-1783.

Schmitt D R, Zoback M D. 1989. Poroelastic effects in the determination of the maximum horizontal principal stress in hydraulic fracturing tests—A proposed breakdown equation employing a modified effective stress relation for tensile failure[J]. International Journal of Rock Mechanics & Mining Sciences & Geomechanics Abstracts, 26(6): 499-506.

Schmitt D R, Zoback M D. 2012. Diminished pore pressure in low-porosity crystalline rock under tensional failure: Apparent strengthening by dilatancy[J]. Journal of Geophysical Research Solid Earth, 97(B1): 273-288.

Schmitt D R, Zoback M D. 1994. Infiltration effects in the tensile rupture of thin walled cylinders of glass and granite: implications for the hydraulic fracturing breakdown equation[J]. International Journal of Rock Mechanics&Mining Sciences&Geomechanics Abstracts, 31(1): A13.

Segall P. 1989. Earthquakes triggered by fluid extraction[J]. Geology, 17(10): 942-946.

Settari A, Cleary M P. 1984. Three-dimensional simulation of hydraulic fracturing[J]. Journal of Petroleum Technology, 36(07): 1177-1190.

Shimizu H, Ito T, Tamagawa T, et al. 2018. A study of the effect of brittleness on hydraulic fracture complexity using a flow-coupled discrete element method[J]. Journal of Petroleum Science and Engineering, 160: 372-383.

Shimizu H, Murata S, Ishida T. 2011. The distinct element analysis for hydraulic fracturing in hard rock considering fluid viscosity and particle size distribution[J]. International Journal of Rock Mechanics & Mining Sciences, 48(5): 712-727.

Sih G C, Hong T B. 1989. Integrity of edge-debonded patch on cracked panel[J]. Theoretical and Applied Fracture Mechanics, 12(2): 121-139.

Sih G C, Zuo J Z. 2000. Multiscale behavior of crack initiation and growth in piezoelectric ceramics[J]. Theoretical and Applied Fracture Mechanics, 34(2): 123-141.

Sih G C. 1972. Methods of Analysis and Solutions of Crack Problems[M]. Berlin: Springer Netherlands.

Sih G C. 1973. Methods of Analysis and Solutions of Crack Problems[M]. Berlin: Springer Science & Business Media.

Sih G C. 2012. Mechanics of fracture initiation and propagation: surface and volume energy density applied as failure criterion[M]. Berlin: Springer Science & Business Media.

Sih G C. 1974. Strain-energy-density factor applied to mixed mode crack problems[J]. International Journal of Fracture, 10(3): 305-321.

Sileny J. 2012. Shear-tensile/implosion source model vs. moment tensor: benefit in single-azimuth monitoring, Cotton Valley set-up[C]. 74th EAGE Conference and Exhibition Incorporating SPE Europec.

Song F, Warpinski N R, Toksöz M N. 2013. Full-waveform based microseismic source mechanism studies in the Barnett Shale: Linking microseismicity to reservoir geomechanics[J]. Geophysics, 79(2): B109-B126.

Song W Q, Xu B B, Yu Z C, et al. 2015. Reconstruction of the micro-seismic source vector field and fissure interpretation based on the anisotropy analysis[J]. Chinese Journal of Geophysics, 58(2): 656-663.

Stolarska M, Chopp D L, Moës N, et al. 2001. Modelling crack growth by level sets in the extended finite element method[J]. International Journal for Numerical Methods in Engineering, 51(8): 943-960.

Sun K, Zhang S, Xin L. 2016. Impacts of bedding directions of shale gas reservoirs on hydraulically induced crack propagation[J]. Natural Gas Industry B, 3(2): 139-145.

Taleghani A D. 2010. Fracture re-initiation as a possible branching mechanism during hydraulic fracturing[C]. ARMA 10-278: 1-7.

Tan P, Jin Y, Han K, et al. 2017. Analysis of hydraulic fracture initiation and vertical propagation behavior in laminated shale formation[J]. Fuel, 206: 482-493.

Tao Q, Ghassemi A, Ehlig-Economides C A. 2011. A fully coupled method to model fracture permeability change in naturally fractured reservoirs[J]. International Journal of Rock Mechanics & Mining Sciences, 48(2): 259-268.

Terzaghi K. 1943. Theoretical Soil Mechanics[M]. New York: Wiley Press.

Teyssoneyre V, Feignier B, Šilený J, et al. 2002. Moment tensor inversion of regional phases: application to a mine collapse[J]. Pure & Applied Geophysics, 159: 111-130.

Thiercelin M C, Roegiers J C. 2000. Formation characterization: Rockmechanics[M]. New York: Wiley Press.

Tsang C F, Rutqvist J, Min K B. 2007. Fractured rock hydromechanics: from borehole testing to solute transport and CO_2 storage[J]. Geological Society London Special Publications, 284(1): 15-34.

Turon A, Camanho P P, Costa J, et al. 2006. A damage model for the simulation of delamination in advanced composites under variable-mode loading[J]. Mechanics of Materials, 38(11): 1072-1089.

van den Hock P J, van den Berg J T M, Shlyapobersky J. 1993. Theoretical and experimental investigation of rock dilatancy near the tip of a propagating hydraulic fracture[C]//International journal of rock mechanics and mining sciences & geomechanics abstracts. Pergamon, 30(7): 1261-1264.

Vlaisavljevich E, Maxwell A, Warnez M, et al. 2014. Histotripsy-induced cavitation cloud initiation thresholds in tissues of different mechanical properties[J]. IEEE Transactions on Ultrasonics Ferroelectrics & Frequency Control, 61(2): 341-352.

Walker R N. 1997. Cotton Valley hydraulic fracture imaging project[C]. SPE Annual Technical Conference and Exhibition, San Antonio.

Wang X L, Shi F, Liu H, et al. 2016. Numerical simulation of hydraulic fracturing in orthotropic formation based on the extended finite element method[J]. Journal of Natural Gas Science & Engineering, 33: 56-69.

Wangen M . 2013. Finite element modeling of hydraulic fracturing in 3D[J]. Computational Geosciences, Mars(4): 1-13.

Warpinski N R, Teufel L W. 1987. Influence of geologic discontinuities on hydraulic fracture propagation[J]. Journal of Petroleum Technology, 2(39): 209-220.

Wasantha P L P, Konietzky H, Weber F. 2017. Geometric nature of hydraulic fracture propagation in naturally-fractured reservoirs[J]. Computers & Geotechnics, 83: 209-220.

Weng X, Kresse O, Cohen C, et al. 2011. Modeling of hydraulic fracture network propagation in a naturally fractured formation[J]. SPE Production & Operations, 26 (4): 368-380.

Wu H, Golovin E, Shulkin Y, et al. 2008. Observations of hydraulic fracture initiation and propagation in a brittle polymer[C]//The 42nd US Rock Mechanics Symposium (USRMS). American Rock Mechanics Association.

Wu K, Olson J E. 2013. Investigation of critical in situ and injection factors in multi-frac treatments: guidelines for controlling fracture complexity[J]. Paper SPE 163821, SPE Hydraulic Fracturing Conference (2013) Woodlands, Texas, 4–6 February.

Wu Z, Huang N E. 2009. Ensemble empirical mode decomposition: a noise-assisted data analysis method[J]. Advances in Adaptive Data Analysis, 1 (01): 1-41.

Xing P, Yoshioka K, Adachi J, et al. 2017. Laboratory demonstration of hydraulic fracture height growth across weak discontinuities[J]. Geophysics: 1-36.

Yan Y K. 2000. Temporal correlations of earthquake focal mechanisms[J]. Geophysical Journal International, 143 (3): 881-897.

Yu X, Rutledge J, Leaney S, et al. 2014. Discrete fracture network generation from microseismic data using moment-tensor constrained hough transforms[C]. SPE Hydraulic Fracturing Technology Conference, Texas.

Zang A, Wagner F C, Stanchits S, et al. 1998. Source analysis of acoustic emissions in Aue granite cores under symmetric and asymmetric compressive loads[J]. Geophysical Journal International, 135 (3): 1113-1130.

Zhang B H, Deng J H, Wu W D, et al. 2012. Mode I crack in an elasto-perfectly plastic material under pore water pressure of a finite medium[J]. Theoretical and Applied Fracture Mechanics, 57 (1): 31-35.

Zhang B H, Ji B X, Liu W F. 2018. The study on mechanics of hydraulic fracture propagation direction in shale and numerical simulation[J]. Geomechanics and Geophysics for Geo-Energy and Geo-Resources, 4 (2): 119-127.

Zhang B H, Tian X P, Ji B X, et al. 2019. Study on microseismic mechanism of hydro-fracture propagation in shale[J]. Journal of Petroleum Science and Engineering, 178: 711-722.

Zhang G Q, Fan T G. 2014. A high-stress tri-axial cell with pore pressure for measuring rock properties and simulating hydraulic fracturing[J]. Measurement, 49: 236-245.

Zhang X, Jeffrey R G. 2007. Deflection and propagation of fluid-driven fractures at frictional bedding interfaces: A numerical investigation[J]. Journal of Structural Geology, 29 (3): 396-410.

Zhang X, Jeffrey R G, Thiercelin M. 2008. Escape of fluid-driven fractures from frictional bedding interfaces: A numerical study[J]. Journal of Structural Geology, 30 (4): 478-490.

Zhang Z B, Li X, He J M, et al. 2015. Numerical analysis on the stability of hydraulic fracture propagation[J]. Energies, 8 (9): 9860-9877.

Zhang Z B, Li X, He J M, et al. 2017. Numerical study on the propagation of tensile and shear fracture network in naturally fractured shale reservoirs[J]. Journal of Natural Gas Science and Engineering, 37: 1-14.

Zhao Q, Andrea L, Omid M, et al. 2014. Numerical simulation of hydraulic fracturing and associatedmicroseismicity using finite-discrete element method[J]. Journal of Rock Mechanics & Geotechnical Engineering, 6 (6): 574-581.

Zhebel O, Eisner L. 2014. Simultaneous micro seismic event localization and source mechanism determination[J]. Geophysics, 80(1): KS1-KS9.

Zhou D S, Zheng P, He P, et al. 2016. Hydraulic fracture propagation direction during volume fracturing in unconventional reservoirs[J]. Journal of Petroleum Science and Engineering, 141: 82-89.

Zhou J, Zhang L, Pan Z, et al. 2017. Numerical studies of interactions between hydraulic and natural fractures by smooth joint model[J]. Journal of Natural Gas Science and Engineering, 46: 592-602.

Zou Y, Zhang S, Ma X, et al. 2016. Numerical investigation of hydraulic fracture network propagation in naturally fractured shale formations[J]. Journal of Structural Geology, 84: 1-13.